[美]苏珊·福沃德　[美]唐娜·弗雷泽 著　任立新 译

Healing the Wounds
of Deception and Betrayal

WHEN YOUR LOVER IS A LIAR

谎言　亲密

发现与应对来自枕边人的欺瞒

目 录

第一部分 谎言图鉴

第一章 谎言通览 2
定义"欺骗" 4
谎言的遗害 5
谎言的两个类别 5
掌控你的信息源 15
真相如何早已不重要 16
谎言标准模糊不清 16
甜言蜜语的毒性 16
变卦和说谎的不同 19
秘密和谎言的不同 21
开诚布公的尺度 21

第二章 让我们深陷其中的控制术 25
否认：没有的事 25
承认：未必悔过 36

第三章 说谎者的思维方式 45
谎言有时是一种保护手段 46
维护自身形象的需要 47
"一切都很好"的谎言 50
生活管理大师 52
自由与自主：一个人的独立战争 54
对怒火的恐惧 56

对控制的需求　62

控制的阴暗面　63

错综复杂的迷网　64

第四章　反社会型人格　66

他们可能出现在你的生活里　67

反社会型人格的特征　68

没有心的男人　69

堪称影帝　72

性反社会者　75

他是怎么变成这样的　78

对反社会型人格的浪漫化　80

他会变好吗　81

自我救赎　83

第五章　受害者对自己说的谎　85

否认：盲目信仰　85

自我欺骗1：他永远不会骗我　86

自我欺骗2：他也许会骗其他女人，但不会骗我　88

自我欺骗3：他是说了谎，但他爱我，这才是最重要的　94

自我欺骗4：他是说了谎，但他也是受害者　96

自我欺骗5：他是说了谎，但我可以让他浪子回头　98

自我欺骗6：他是说了谎，但都是我的错　99

第六章　谎言对你的影响　104

伴侣说谎了，那就杀死信差　105

做他说谎的帮凶　　108

怒火与复仇　　111

因嫉妒而面目全非　　115

他的谎言会影响孩子　　115

失去真正的自我　　119

你再也不是原来的你　　120

第二部分　疗愈背叛和欺骗带来的创伤

第七章　关键时刻　　124

行动的第一步　　125

直面伴侣谎言的五个步骤　　125

创造环境：为后续行动做准备　　126

集中精神：寻找内心的安宁　　131

第八章　通过对质明确情况　　146

有焦虑感是正常的　　146

原谅的陷阱　　149

循序渐进的对质过程　　151

对质的三个基本点　　153

第九章　应对对方的反应　　167

对质的第二个部分　　167

全新的沟通技巧　　169

弱化谎言　　170

用玩笑避重就轻　　172

推卸责任　　173

利用你的同情心　　176

"说了对不起还不够吗" 177

"对，但是……" 179

当他以愤怒回应 180

当他全盘否认 182

第十章　假如你选择留下　184

未来如何并非完全取决于他 184

如履薄冰的关系 186

将操控转化为赋权 188

应对来自亲友的压力 202

你现在感觉如何 204

没人能保证他不会再犯 205

改变的挑战 206

第十一章　假如你选择离开　208

"我的爱已经消失了" 208

我这样做对吗 210

如何应对他对你的决定的反应 212

孪生恶魔：内疚与自责 214

不该由你背负的罪恶感 215

你不是失败者 217

为孩子着想 218

"世界末日情结" 219

和这段关系说再见 223

"你就不能再给他一次机会吗" 225

远离反社会型人格者和其他反复无常的人 227

结束时，难过是不可避免的　　234

第十二章　重拾对他人的信心　　236

第一步是学会相信　　237

信任新解　　238

学会相信自己　　239

倾听内心的声音　　240

不要急于进入下一段关系　　241

避免重蹈覆辙　　242

迷思和误解　　243

不再容忍谎言　　244

女性友谊的治愈力量　　245

智慧之心　　247

从遍体鳞伤到重获智慧　　248

获得完整的人生　　248

致谢　｜　251

第 一 部 分

谎言图鉴

第一章 谎言通览

- 电话接通,听筒那端传来一个女声。"是贝蒂吗?我觉得是时候告诉你了,其实,我和你丈夫已经在一起两年了。他根本不爱你。所以,你怎么就不肯放他走呢?"

- 银行发来通知,告诉你支票被拒付了。你怒气冲冲地打电话给银行,因为你确信,你和丈夫的账户里的余额至少是支票数额的 8～10 倍。但银行告诉你,你们的账户早就透支了——可你知道自己没花过那么多钱。

- 你的伴侣对你发誓,他现在戒酒了,而且还会定期参加戒酒互助会的活动——可你却在他的工具箱里发现了一瓶苏格兰威士忌。

突然之间,你只觉得一阵天旋地转。你的脑海里开始不停地闪过各种各样的念头:我一直信任的这个人到底是谁?他究竟还有多少事瞒着我?想到这里,你的胃里开始翻江倒海。你不知道你和这个人是否还有未来——你想弄明白,他说过的话究竟有几分真几分假。可现在唯一可以确定的是:你的伴侣说谎了。

但是,在这个让你痛苦难捱、无所适从的时刻,做出理性的选择才是真正重要的——因为这是一段关乎你终身幸福的关系。然而,无论我们有多么警觉,在这样的亲密关系中遭受欺骗时,大部分人都不知该如何处理,也不知该如何应对这些谎言带来的伤害。面对欺骗和背叛,我们往往会走入两个极端:要么不愿承认事实,甚至试图替伴侣的行为找借口,要么怒气飙升,大脑空白。关心我们的人可能会大喊"赶快分手",可这句话却让我们更加血气上涌,失去理智。无论哪一种方式,都不能给我们的内心带来真正的平静与持久的满足。

谎言总是会让我们失去行动的力量。它瓦解了我们和伴侣之间的信任，让我们连做一个小小的决定都异常艰难。我们无法确定他们是不是说了真话，到底什么时候才是诚实的。我们无法判断真假，这成了一种无时无刻不在折磨我们的痛苦。和说谎者的这段感情甚至开始践踏我们的自尊，摧毁我们对自己认知的自信，干扰我们的判断。最可怕的是，它能让一个原本性情友善的人变得疑神疑鬼、怨气满腹，从此心墙高筑，以防再受伤害。

我的一个朋友最近总结了很多女性都会遇到的一种问题："我曾经最信任的男朋友一边说着爱我，一边却继续和前女友鬼混，所以我可能再也没法毫无保留地相信一个男人了。"

对很多女性而言，伴侣的欺骗带来的打击往往是致命的。

但其实大可不必如此。

因为我会给你一张通往另一个隐秘世界的路线图，帮助你走出感情世界里的这座谎言迷宫。接下来的几页里，我会对谎言进行分析——从善意的到致命的；还会向你展示各式各样的说谎者——从死鸭子嘴硬型到谋求我们原谅和忘却的习惯性忏悔型。另外，还有一种你一旦发现就应该果断与之分手的说谎者，针对这种类型，我会给出更为详细的解释和说明。

我还会告诉你，究竟是什么力量在驱使人们说谎，他们又有着怎样的行为模式，以及如何在早期及时遏制这种行为。在本书的第二部分，我会告诉你一些更加具体可行的沟通技巧和行为策略，帮助你学会在坦诚相待的基础上重建亲密关系，或者在无可挽回时及时退出。无论你面对怎样的问题，我都会帮你确定最好的解决方案，支持你找出真相，寻回自信，让亲密关系重回正轨。

定义"欺骗"

无论"谎言"还是"说谎者",都是我们不愿听到的词。用这两个词去形容我们爱的人会令我们感到痛苦。它们背后隐藏着深深的痛苦和无尽的愤怒。你以为自己正身处一段美好的亲密关系,却不想被推进了背叛和怨恨的深渊。因此,这是两个让人一听就会感到恼火的词,不能轻易使用。

当然,不是每个男性都爱说谎,也不是每个爱说谎的人都是男性,更不是每次欠缺考虑的行为都一定意在欺骗。在本书中,我针对的是那些喜欢对女性说谎的男性,因为我看到太多女性无法接受或承认被爱人欺骗的事实。当一段关系中出现背叛与欺骗时,女性感受到的痛苦往往格外剧烈,这是因为,如果男性说谎,双方都会把原因归咎于女性。

不过,我这里所说的"说谎者"并非指那些因疏忽或会错意而不小心误导女性,或许下一些过分乐观却不切实际的承诺的男性。(比如,明明不确定能否在七点之前下班,却仍约你在六点见面。)

同样,我指的也并不是那些为保护他人免遭痛苦而不得不隐瞒或掩盖一些必要事实而说的善意谎言。而且在日常生活中,我们多多少少会说一些与事实有出入的恭维和客套话,否则生活可就太艰难了。在法庭之上,我们当然需要呈现全部的事实,可在日常生活中,我们谁又不会掩盖一下原本残酷的现实呢?遇到多年未见的老友,就算你心里想的是"天哪,你完全继承了你老妈下巴上的肉和她一言难尽的着装品位",但你依然会客套地说一句"你状态真好,这么多年可一点儿都没变"。这些话真的是事实吗?当然不是,可这样的谎言值得我们大惊小怪吗?我想,答案是否定的。

真正会对我们自身和一段亲密关系造成伤害的,是那些从一开始就意在欺骗的谎言。为了歪曲事实,隐瞒真相,说谎者费尽心思,目的是让我们永远无法知道他们那些不堪的过去和现在——常常还有未来。

谎言的遗害

每每说到"欺骗"和"背叛",我们想到的往往是"不忠"。当然,每个女性都害怕自己的爱人欺骗自己,比如,和另一个女人牵扯不清。这种谎言一旦暴露,对女性的打击无疑是巨大而沉重的。它会摧毁我们的精神内核,击碎我们的安全感,甚至让我们失去生活的希望。它能让我们火冒三丈,同时也会让我们陷入恐惧的漩涡,痛苦且难以自拔。即使男性宣称所谓的婚外情"根本不是认真的",但这种出轨行为会永远改变你们的关系,甚至使它无可挽回。

不过我们可能很难相信,有些谎言对生活的毁灭性并不亚于男性出轨本身。谎言就像蒲公英的种子,可以在生活的每一个角落生根发芽,肆意生长。我们会发现,这些所谓的爱人的谎言涉及金钱、不良嗜好、承诺、能力以及他们过去和未来的某些重要事件。这类谎言的案例贯穿本书始终。现实生活中,我们经常觉得这类谎言无关紧要,甚至还会长舒一口气,觉得"至少他没出轨"。但日后你便会发现,这类谎言产生的影响甚至更为深远。

谎言的两个类别

谎言既可以存在于说过的话中,也可以存在于未说出口的话中。为了方便理解,我们可以将这两类常见的谎言分别称为"蓄意捏造的谎言"和"蓄意隐瞒的谎言"。

蓄意捏造的谎言常指对个人生活、行为方式或过往经历的不实陈述,比如下面这些:

—— 我没有出轨。(其实出轨了。)

——我一个星期前就还了房贷，支票肯定是落在邮箱里了。（其实根本没寄过什么支票。）
——我已经离婚一年了。（其实根本没有离婚。）
——我以前很喜欢喝酒，但现在已经戒了。（其实现在还在酗酒。）
——我没有约过其他女人。（其实约过。）
——我再也不会动手打你了。（其实还会打。）

只是朋友

我的一位咨询者李曾对一段感情寄予厚望，但在这段感情开始后不久，她就被这种蓄意捏造的谎言深深地伤害了。

李今年39岁，离异，在洛杉矶一家男士服装店里担任经理助理。她来自中美洲，说话抑扬顿挫，带着一点儿口音。她有一个常客巴里，一位年近30岁的律师。他外表迷人，充满魅力。有一天，巴里突然开始和她暧昧起来，还约她共进晚餐，这让李感到十分受宠若惊。

> 我当时就告诉他，我比他大。可他却说，他就喜欢找三四十岁的女人，因为他觉得和他同龄的女人太过幼稚和单纯。听了他的话，我终于放下心来。我们开始约会，一周两三次。一天晚上，眼看就要迟到了，我想通知他，那时才发现我没有他家的电话号码——只有呼机号码。当我要他家的电话号码时，他告诉我他有好几个室友，所以不能经常接听电话，而且他的电话还有问题，所以，我只要有他的呼机号码就够了。我开始有些起疑，坚持再三，他才把他家的电话号码告诉我。

巴里的推诿和回避其实已经说明了某些问题。当你发现新恋人对像住在哪里、和谁住在一起、是否已婚、家庭电话是多少这样一些基本问题闪烁其词时,你就要格外注意了,这些都是非常重要的行为信号。如果你不重视甚至忽视这一点,后面很可能出现令你始料未及的麻烦。

一天晚上,我打电话邀请巴里参加派对,结果是一个女孩接的。我迅速挂断了电话。带着一肚子的困惑,我去找巴里求证。他告诉我她只是他的室友,来自危地马拉,他们住在一起已经有三年了。巴里说自己只是想帮帮她,他们之间是清白的。所以我很快相信了他,继续和他约会,对他也越来越着迷。他热烈地追求着我,向我深情告白:"我爱你,我想和你一起走下去。"但奇怪的是,他从来不留下来过夜。他总是想方设法回避这件事,找一些类似"我明天还有许多工作要做,必须早起"的借口。所以,当我又问起这个问题时,他陷入了紧张和沉默,然后说他不能做对不起那个女孩的事。我问:"哪个女孩?"他说:"就是和我住在一起的那个女孩。"我问他,他们到底是不是情侣关系,他终于结结巴巴地承认了。

我们知道,对这个案例放马后炮当然容易。的确,当发现巴里对自己的一些基本信息都支支吾吾时,李就应该有所察觉,但就像其他许多女性一样,李选择将自己的性格和价值观投射到巴里身上。她自己对巴里毫无保留,坦诚相待,就想当然地认为巴里对她也一定如此。当她终于忍不住质问巴里时,他先是闪烁其词,不敢直接回应,然后对她说谎,骗她说只是室友而已。当李意识到根本不是这样后,他进一步扭曲事实,把一段肉体关系谎称为纯洁的友谊。到最后关头,巴里还想继续隐瞒事实,他加大追求力度,并向李保证,自己的确想和她认真谈恋爱——但其实他根本不打算和家里那个女孩分手。

正确的问题，错误的回答

一个蓄意捏造的谎言如果是对人格本质进行掩饰的行为的一部分，常常会给人留下具有说服力的假象，最后即使真相显露，也很难真正打破谎言。我们努力通过"问对所有问题"来保护自己时尤其如此。

凯西是一位持有执照的护士，在城里一家大型医院的儿童病房工作。她是我一个同事的好友，听说我正在筹备写这本书，就设法与我取得了联系。她想给我讲讲自己的故事，希望能帮助其他女性朋友。

我和戴维是通过我们共同的朋友在一次戒酒会活动上认识的。这个活动建议成员在开始戒酒后一年内不要谈恋爱，所以在那一年中，我和戴维就真的只是朋友。我们没有急着发展关系，仅仅是保持一种普通友谊。一年以后，我们开始试着约会，虽然进展得很慢，但我渐渐被戴维吸引了。我们有许多共同爱好——音乐、猫、书——还有相同的幽默感和相似的价值观。我们都希望未来有一个温馨、幸福的大家庭，虽然我们都不想要孩子，但我们和我们兄弟姐妹的孩子们以及其他家庭成员都非常亲密。我们也非常尊重对方渴望戒酒的心愿。相信我，我一直在观察他，听他诉说，向他的朋友们打听他的情况，尽我所能确保他没什么严重问题，而我也不会成为一个一问三不知的妻子。我已经不是过去那个容易被骗的我了。

我们开始恋爱四个月后，他在工作中不小心割伤了手，很严重，很多事情他都不方便做，所以我决定搬过去照顾他。自那之后，我就没有搬走。我知道当时进展得有些快，但换个角度看其实也不尽然。因为那段时间我们才开始慢慢地了解对方的种种。

我也一直都很小心翼翼。在金钱方面我们讨论了很多，因为我赚得比他多不少，我不希望这在将来变成一个隐患，而且我也想了解他的经济状况。他告诉我他从来没有被银行拒付过支票，虽然他的预算一直很紧张，但他除了车贷以外再没有其他债务了。他想买什么东西，就会存钱去买。这一点让我非常满意。

凯西的做法都是正确的。在正式确立关系前，她和戴维从朋友做起。她没有急着进入婚姻，提问的方式也直截了当，得到的答案看起来也很真实。在关于子女、财务状况以及戒酒方面，她和戴维都进行了充分的沟通，所以她感到很有安全感，也很有信心——直到她亲眼看到了与戴维的话截然相反的证据。

就在我们开始同居后几个星期，我收到了一封邮件，那是一张来自国税局的通知单。原来戴维已经有三年没报过税了，欠下了1.3万美元的债务。我当然很担心，可他对我提出的每一个问题都准备好了答案。他说他早就想好怎么解决这个问题了，这不过是他在以前酗酒的那段时间里犯的错，他还向我保证，他和国税局已经在补缴这个问题上达成了协议。

凯西在不自觉地为戴维的谎话找理由。不主动报税本身就是很严重的问题，戴维如果真像她以为的那样有责任感，就不会欠下1.3万美元的债务了。而且凯西很快就发现，他根本就没有偿还这笔债务的计划。可面对戴维前后表现出的巨大差异时，凯西仍旧选择相信她对戴维的最初印象。她觉得自己可以相信他——因为他过去非常"坦诚"，他对财务状况的描述怎么可能都是编的呢？

如果凯西想一探究竟，她能得到这些信息吗？她是否早该意识到戴维根本就不是一个对金钱有强烈责任感的模范男人？当然，其实她早就可以考察戴维的信用评级，或者问问他的债务情况，不然她在和他结婚后仍然要面对这些问题——我不是在说女性不应该这样做。事实上，我们中有多少人愿意在一段关系刚开始时就做个私家侦探呢？特别是在没有理由疑神疑鬼的情况下。爱和怀疑看起来是如此水火不容的两个词。戴维说的都是对的，似乎也都照做了，而且他还会定期参加戒酒活动——但就像大部分习惯性说谎者那样，凯西对他的了解程度全在他的掌控之中，凯西知道的都是他想让她知道的，而且他还想继续这样。可结果却是，随着谎言的不断加深，他们的关系也渐渐恶化。漏税只是一切的开始。戴维蓄意的谎言其实远不止这点，可当婚后凯西发现这些事实时，她已经很难脱离戴维以及他的家庭了。

你不知道的事会伤害你

　　蓄意隐瞒的谎言之所以存在，其原因就像那句老话说的，"眼不见，心不烦"。你的爱人会通过隐瞒或是回避，故意不让你知道那些会令你伤心、愤怒甚至导致你们分手的事情。通过隐瞒事实，他们可以为所欲为，却让你一直蒙在鼓里。

　　关于这类谎言，我最喜欢举的一个例子是我的朋友贝丝及其同居男友罗杰之间的故事。当时，贝丝发现罗杰最近对她都很冷淡。他回家一天比一天晚，还经常关上门悄悄打电话，于是她心生怀疑，决定当面质问他。"我问他，他是不是外面有人了，他却非常严肃地回答道：'没人那么说。'这算什么回答？是承认还是否认？如果没人那么说，这件事就不存在了？我就不能指责他说谎了？"

　　其实这种例子并不好找，因为它们常常存在于没有说出口的话语中。不过，它们常常包括没能告诉你一些诸如此类的"小事"的行为：

　　　　—— 我出轨了。
　　　　—— 我和另一个女人住在一起。
　　　　—— 我在另一个州有孩子。

——我是双性恋。

——我是个酒鬼/瘾君子/赌徒。

——我有躁郁症,我的家族有很长的精神病史(或其他严重的精神或身体疾病)。

——我得了性病/我的HIV检查结果呈阳性。

——我在服缓刑/我有犯罪记录。

——我债务累累/我的财务状况出了些问题/我的收入不稳定。

最常见的蓄意隐瞒的谎言

一部分男性会坦承,说谎和内疚的双重压力让他们感到难以喘息,但另一部分男性不会有这种感觉。相反,只要他们能隐瞒下去,他们与另一名女性(或多名女性)的关系就会一直延续下去。然而,这类谎言最终总会被揭穿,经常是以一种对他们的伴侣而言残忍甚至羞耻的方式。

我的一位咨询者安妮47岁,是一位温柔、优雅的女性,最近刚刚回到学校攻读硕士学位。她的丈夫兰迪50岁,是一家影视公司的高级主管,从事教育片和纪录片的制作。他们都很疼爱独生女萨曼莎。安妮的生活幸福而充实,直到一天早晨,也就是她第一次见我的两周前。

那天我从学校回来,像往常一样查看邮件,可那天的一切都不同寻常。那是一封用兰迪公司信纸写的信,却是专门寄给我的,这点就很奇怪。打开它后,我的世界顿时轰然倒塌。那封信是他公司的人写的,上面没有署名,只是写着:"我们真的很喜欢你,所以觉得你应该知道事情的真相。兰迪正和一个女员工打得火热。她要在他去芝加哥的路上和他幽会。"

我不记得那封信里还写了什么,只记得当时身体很难受。没等兰迪下班，我就直接给他打了电话。他当即承认了，说他会马上赶回家。我们想尽办法，试图一起度过这段痛苦时期，可我只感到伤心，根本无力做任何事。

这件事听起来也许有些荒唐：就算朋友和商业伙伴已经对他们的外遇了如指掌，很多当事男性仍然觉得伴侣不会发现。从兰迪的角度看，如果他不继续设法圆谎，他将失去他所拥有的一切，却什么都得不到。而在他这个案例中，帮他做决定的是其他人。当这个谎言被揭穿，他的婚姻再也无法回到当初了。

当过去尽是谎言

正如许多女性熟悉的情况，安妮是从第三方口中得知兰迪出轨的。事实上，大部分蓄意隐瞒的谎言都会以这种方式被揭穿。

我和简第一次见面时，她向我诉说了她婚前的一段遭遇。就在婚礼的前几日，她发现了一个弥天大谎。

简当时36岁，是一位优秀的平面设计师。她通过共同的朋友安排的约会结识了一位充满活力、魅力四射的贷款经纪人比尔。他们迅速产生了强烈的化学反应。几个月后，他们就决定要步入婚姻的殿堂。可没过多久，令人意想不到的事情发生了。

我们之前都有过婚史，一共有五个孩子。他的三个孩子一直跟他的前妻生活，而我的两个则跟着我。我们知道，我们还有很多方面需要磨合、调整，但那时我们正处于热恋期，爱情让我欣喜若狂。

那天，他一大早就去找搬家工人，准备把他公寓的最后一点儿东西搬到我家。而我正赖在半睡半醒之间那种最舒服的状态里。突然,一阵电话铃声把我从睡梦中惊醒了。

一个女人问:"是简吗?"我说是。她继续说:"你不认识我,但你也许听过我的名字。我叫卡拉,比尔的第二任妻子。"当时我还没太清醒,第一反应是有人在开玩笑,因为比尔有一些大学联谊会的老同学,他们在一起的时候经常恶作剧,就像一群大孩子一样。但我能听出卡拉语气里的东西——应该说是一种怨气——所以那根本不是什么恶作剧。我问她,她想干什么,她说她想和比尔说话,她以为他在我这里。我嘟囔了几句比尔不在,然后赶紧挂断了电话。不用说,我当时大脑一片空白。到底发生了什么?

大约一个小时以后,比尔回来了,我立刻冲上去,向他抛出了一大堆问题。他真的有过两段婚姻,只是忘了告诉我吗?他有什么权利觉得我根本不会在意他到底结过几次婚?他为什么要对我说谎?难道他不信任我吗?他还向我隐瞒了什么?

简的愤怒是有道理的,她的不信任也一样。但正如我们所见,简对真相的初次探究很快就被比尔的一通解释和她相信这些解释的需求打发掉了。比尔的这种谎言很具有杀伤力,因为男性很容易利用自身的魅力和一些当下的承诺去掩盖后视镜里那些越来越远,直至再也看不见的令人不安的真相。

"小疏忽"

卡罗尔是一名法务秘书,也是我几年前的一位咨询者。她在 20 多年的婚姻里都生活在可怕的谎言当中,因为她嫁给了一个极其擅长向她隐瞒自己最重要信息的男人。有些男性不愿告诉我们自己的过去,虽然他们表面上看起来似乎知无不言、言无不尽,但他们没说的那些信息可能会多到填满一座图书馆。

我当时觉得肯很迷人，他的工作也非常棒，是一名机械师。他给我留下的印象非常好，所以我们只谈了三个星期恋爱就闪婚了。其实那个时候我刚刚失恋，正在伤心，所以我是想气气前男友和我的父母，因为他们很不看好肯。虽然我对肯了解不多，但在那时这对我来说根本不重要。

我当时在一家银行工作，偶然得到了一个特别好的跳槽机会——进入一家为政府进行航拍摄影的公司。因为涉密，他们希望我配合安全审查，我觉得不会有什么问题。

填写审查表时，有一个问题是关于配偶是否有任何轻罪或重罪记录的，于是我问了肯。他说："我只收到过几张交通罚单，除此之外就没有了。"于是我在审查表上只填了这些。

随后我被雇用了，与此同时，他们会在30天的试用期里继续对我进行安全审查。我非常喜欢那份工作。那一年我24岁，有了自己的办公室和一份特别好的工作。直到我刚开始工作后两周的一天，老板打电话说，有两名调查员想见我。我去了老板的办公室，其中一名调查员说："亚当斯太太，您为什么要在审查表上说谎？"我不明白他们是什么意思，另一名调查员告诉我："您丈夫正处于一项重罪的缓刑期，我建议您和他好好谈谈。是有关毒品的指控。"

由于肯的不诚实，卡罗尔失去了她喜爱的工作，她的第一反应当然是尽快离开这个男人。可一边面临失业的压力，一边刚刚怀孕，又根本不敢把真相告诉自己那对傲慢、刻薄的父母，她只能苦苦死撑到底，告诉自己最糟糕的时候已经过去了。但就像大多数情况那样，肯的谎言其实早在暗地里悄悄瓦解了卡罗尔的生活基石——比如她的工作和声誉——而这些势必会给她未来的生活埋下隐患。

一个人想隐瞒自己的过往简直易如反掌，因为过去的已经过去了。尤其是对那些可能会带来麻烦的事情而言，隐瞒显然比揭露容易得多。

人们通常在一段关系逐渐趋于稳定时，才会像考验彼此忠诚度般抛出一件令人难以启齿的事情来。何况，人们总会将当初不能接受的事情合理化，因此到最后，过去的事的确是过去了。男性会告诉自己——也会告诉你，尤其在你发现了他的秘密后——重要的不是曾经，而是现在，是当下。现在的他很爱你，对你很好。他长大了，浪子回头了，已经彻底从过去的种种麻烦中解脱了。所以，他认为他没有告诉你的事情也与你无关——即使这些事情会让你失去你最珍视的东西。

掌控你的信息源

无论谎言——蓄意捏造的也好，蓄意隐瞒的也罢——背后的动机如何，也不管说谎者说的是什么类型的谎，或者内容是什么，总有一些方面存在着惊人的共通点：

- 他拥有对真相的独家解释权。
- 只有他知道究竟发生了什么，因此他可以轻易掌控你的生活。
- 你对那些能彻底影响你人生的信息一无所知。
- 面临人生重大决定时，你难以做出明智的选择，比如：该嫁给他吗？该和他在一起吗？需要采取措施保护自己的感情或财产吗？
- 你不知道真正的他是什么样的。

他用谎言蒙蔽了你的双眼——让你沉浸在一个无知者无畏的乐园里。

真相如何早已不重要

一段关系是如何从"他真不错"到"我在和一个骗子谈恋爱"的？情况也许有时像李遇到的那样，总会露出一些蛛丝马迹，而有些时候也可能像简遇到的那样，根本无迹可寻。说谎者的脸上没有标记，最厉害的骗子甚至会给自己洗脑。我们没有水晶球，预测不出你爱的那个人是不是一个值得信赖的好人，也预测不出他是惯犯还是偶尔才会撒个小谎。几乎每个人刚开始看起来都很好。我们如果没有可靠的信息依据，想分辨出表象和本质，不过是在浪费时间和精力罢了。

日久见人心。要看清一个人，你需要经历时间的洗礼。也许直到那时你才会发现，他跟你当初想得非常不一样。

谎言标准模糊不清

当你发现自己的爱人是个骗子时，也许唯一值得欣慰的就是，你知道了事情的真相。判断这一点其实并不难，它非黑即白，你至少知道该从哪里开始了。但有时，并非所有对事实的歪曲和隐瞒都像我们之前看到的那样清晰、明确。我们连串发问："究竟怎么回事？他说谎了吗？还是我误会他了？"几乎要把自己逼疯。要知道，谎言的决定性特征是以欺骗为目的，可有时这种动机似乎又很模糊，以至于难以界定。这种现象经常出现于恋爱关系的早期。

甜言蜜语的毒性

恋爱时，我们都不希望在重要问题上受骗，但谁会不喜欢听到"你是我见过的最漂亮的女人"或"我从没对其他女人这么心动过"之类的话呢？其实我们心知肚明，这些不过是讨我们欢心的追求手段罢了。

我们喜欢这种让自尊心得到极大满足的行为。在恋爱初期，双方对真相的一些掩饰无伤大雅。我们知道，可能成为我们伴侣的人常常会通过夸张或修饰等方式完善他们在我们眼中的形象，我们也会做一样的事。

可随着关系进一步加深，如果有男性依然维持着恋爱初期的精致假象，你就要当心了——他正利用它们将你带入不切实际的期待和希望之中。

消失的爱人

我的朋友妮娜48岁，是一名律师助理。她遇到了许多女性常遇到的问题——爱人的神秘失踪。

我和汤姆开始约会有一个月了。那天晚上，我正和他一起看电视上播放的一部爱情片，突然，他一把握住我的手说："我想和你确定一对一的恋爱关系，我不会再约其他人了，我希望你也可以如此。"我的心狂跳不止，激动不已。

后来，他说他要去丹佛出差几天，周末回来，还说每天都会给我打电话。可他一次都没打过，我也不知道怎么才能联系到他。直到那个周末，我都没有收到他的任何消息。我只好打电话到他家里，可他一直闪烁其词，表现也非常冷漠。他借口说自己太累了，而且确实没有找到合适的机会给我打电话。这通说辞让我慌了，但我努力不表现出来。他听起来就像完全变了个人似的——一个真正的陌生人。

我问他什么时候可以去他家找他，他吞吞吐吐地说他觉得我们应该冷静一下——他觉得一切进展得太快了！六天前，可是他先向我告白，希望确定一对一的恋爱关系的！现在，我就这样不明不白地被甩了。我是做了什么事情才让他落荒而逃的吗？还是说，他自己有什么问题？他的话里哪些才是真的？

任何一个经历过这种忽冷忽热关系的人，一定知道身处其中时的迷茫与困惑。我们在脑海里一遍遍地问自己：我究竟做了什么事吓跑了他？对未来的美好期待与憧憬终于化为一场可笑的幻影，这让我们无法接受。可是，汤姆真的是个骗子吗？他在故意欺骗妮娜吗？我不是汤姆肚子里的蛔虫，不知道他的真实想法，但我有一种强烈的直觉：他说那些话不过是一时兴起，但事后又没有理清矛盾情绪的勇气和方法，所以只好采用了这种逃避的方式。也许他害怕做出承诺，但试图自我麻痹，告诉自己他并不害怕与他人发展亲密关系；也许他曾有过不堪回首的情感经历；也许他对自己的母亲深恶痛绝——当然，这一切我们都不得而知。

但有一件事是可以肯定的：他没能把自己对和妮娜深入发展关系这件事的恐惧、矛盾或窘迫心情告知她，而是选择了突然离开。汤姆也许并没有他自己形容的那么爱妮娜，但在他意识到和尼娜的关系已经超出了他能控制的范围之前，他可能还没发现这一点。我觉得汤姆和很多男性一样，不知道如何用语言表达自己的感受——这种论调虽然已经是老生常谈了，但依然具有真实性。很多男性的确如此，而且正是这种特质让他们看起来像在说谎。我敢打赌，汤姆早就被这种事态超出自己控制范围后引起的令他不知所措的感受压得喘不过气来，所以采取了对他来说最简单的方式。看起来像说谎，听起来像说谎，伤起人来更像说谎——但很可能的确不算说谎。

变卦和说谎的不同

行为背后的动机是很难确定的。我们无法进入爱人的脑子，去某个贴着"动机"标签的角落里查看他说过的某句最后被证实为谎言的话在当初的真实性。

当一个男性故意谎报或隐瞒某些重要信息时，他的动机一定是具有欺骗性质的。但有些男性，比如汤姆，在说话的那一刻是真诚的，只不过后来改了主意而已。这些会发生临时改变的想法可能涉及生活的重要方面：

- 是否打算和你结婚
- 是否打算生育孩子
- 真实的性需求或性癖好如何
- 谁来承担赚钱养家的工作，以及如何分配金钱
- 打算在哪里定居
- 希望你和他的家庭成员以怎样的亲密程度相处

如果男性在这类问题上突然转变态度，女性当然会大呼犯规，会指责他当初在谈到自己的预期时撒了谎。可是，他真的对你说谎了吗？或许，当时他其实根本没想清楚这些问题的答案，不过是顺口一说而已。当然，也许他只是一时冲动，考虑不周，甚至有可能只是没有辨明自己的真实感受和想法就匆匆向你做出了承诺。而如果他的确不是有意欺骗你，他就谈不上是真正的骗子。

另一方面，有些男性其实在向你许诺的那刻就清楚，他们并不会履行自己的诺言。

保拉和约翰相识于高中时期。他们本来是好朋友，但毕业后就失去了联系，直到20多岁时在一次同学聚会上重遇，从此坠入爱河。

当我们准备发展亲密关系时，我告诉他，我曾有过一段不堪回首的痛苦经历，但我很害怕，担心我说出这件事情之后他的反应。他对我说："你可以对我说任何事，因为我爱你。"他的话给了我足够的安全感，于是我告诉他，在13岁那年，我曾遭受一次性侵。那天我正从学校往家走，穿过一片空地时，有个男人突然跳出来，用一把刀抵着我。我以为我要死了。他强迫我为他口交。在那之前，我从没见过男人那东西——我还是个孩子。整件事太可怕了，令我作呕。我告诉约翰，我难以接受这样的性行为。约翰表示理解，并保证他不会逼我做任何让我感到不舒服的事情。三个月之后，我和约翰结婚了，婚后的生活幸福得像在天堂里。我真的非常爱他，而且我感到我们的性生活也很和谐。

又过了几个月，有一天，我们正在亲热，他突然用力将我的头按向他的生殖器。我震惊不已，说："我告诉过你，我接受不了这个。"可他却试图继续哄骗我，他说我应该学着克服这一点——可能这对他来说不过是一种挑战罢了。我反问他："你的承诺呢？"他竟然回答："你不能指望男人会遵守这样的承诺。"

约翰做了一个他明知会食言的承诺。他当初表示了理解，但在后来，当他的愿望落空时，他却开始采取手段强迫她了。

就像许多经常说谎的男性一样，为了达成交易，他们会尽可能顺着对方的意愿说话，以后再来推翻此前的承诺。

一些已婚男性为了将第三者拴在身边，往往会为她们描绘一张两人今后会在一起的美好蓝图，而他们其实并不打算离开妻子。这是说谎者通过许下他们明知根本不可能兑现的诺言来进行欺骗的典型案例。他们清楚自己的话是谎言，而被他们欺骗的女性意识到这一点也不过是时间问题而已。

秘密和谎言的不同

还有一类现象，虽然一样会令我们烦恼，但我们很难将其归为谎言。你如何看待秘密？谎言的背后必定有许多不为人知的秘密，但秘密并不一定是谎言。当然，在两性对到底什么是真相的争执中，这样的论断可能会遭到质疑。女性看重开诚布公、联系紧密、亲密无间。男性却更喜欢留有一点儿空间，而且常常反感对某个人负责的行为。有时，这种相互冲突的需求会让女性眼中的男性看起来在说谎或形迹可疑，而实际上他们只是在做自己。

我的朋友迈克尔就向我抱怨过这样的问题，而且这些年来，我还听很多男性讲过很多类似的情况。

你知道，我的婚姻很美满，我很爱我的妻子乔妮，但她有一点让我受不了。她要求我每天必须向她汇报所有事，甚至包括我想了什么、心情怎么样、对她的感觉和想法……我已经被折磨得筋疲力尽了。这简直就像小时候我妈每天审问我一样。我只是不像她自己和她希望我做的那样，经常花时间琢磨自己的想法和感受。每天回家就像做心理咨询一样，我真的做不到。可我向她提出异议时，她说我肯定有事情瞒着她！

开诚布公的尺度

有些女性认为，她们理想中健康的关系就应该没有任何秘密。所有事情都应该被摆到桌面上，每个念头、每种感受、每次行为都可以被摊开来分享、讨论、探究和应对。如果不这样做，她们就会认为一定存在一些见不得人的事。

因此，和伴侣制定一些关于哪些事情对方有权知道、哪些事情自己有权保留的基本规则就显得尤为重要。我的建议是，下面这些问题是你们需要对彼此开诚布公的。

如果你正处于一段认真的恋爱或婚姻关系当中，你就有权知道关于以下问题的详细信息：

- 伴侣是否有过不忠行为
- 伴侣的收入情况、投资计划与目标以及遗嘱内容
- 伴侣所有重要的财务信息，包括破产、信贷问题、重大财务问题以及债务情况
- 伴侣的婚史、生育和离婚情况
- 伴侣与其直系亲属或重要家庭成员的身体与心理状况，因为这一点会对你自己、你们的孩子或未来的生育计划产生重大的影响

最后一点尤为重要，请看下面这一案例。

我曾和一个很不错的男人约会过，我叫他吉姆。随着感情的逐渐升温，我们都明白未来我们有可能会结婚。虽然那时我已经见过他的父亲和继母，他们看起来也很好相处，但我对吉姆的家庭依然知之甚少，他也极少在我面前谈起这个话题。有一次我主动问他是否有兄弟姐妹，他才说自己有一个妹妹，但她已经不在人世了。我对此深表遗憾，可当我问起他妹妹的死因时，他却含糊其词，只说是得了某种绝症。

我信了他的回答——我也没有理由不相信。就在几周后的一个小型晚宴上，我恰巧坐在吉姆的一位工作伙伴旁边。后来，当我们聊到家庭这一话题时，他谈起了吉姆的妹妹，说她是自杀的。我告诉他，我对此事毫不知情，这让他很不安——他以为凭我和吉姆如此亲密的关系，我想必早就知道这件事了。

我认为这件事本该由吉姆亲口告诉我，尤其是在我们已经开始考虑

结婚的时候。如果他的家人患上了具有遗传倾向的抑郁症，我想我有权知道实情。

有些秘密对你的伴侣来说也许是羞于启齿的家丑，因此，出于对家庭的忠诚，他对你也三缄其口。但你却需要这些信息来对你们之间的关系进行全面的评估，继而做出决策。

你的伴侣不应该让他个人对家庭的忠诚凌驾于你的知情权之上，尤其当他的家族中有过酗酒、虐待儿童、自杀、家暴等行为，或抑郁症、其他身体与心理疾病病史时。假如某个男性有一个家暴妻子、虐待孩子的父亲，那么，除非这个男性已经对他身上源于这些经历并常常会遗传给下一代的心理问题进行了积极的干预和治疗，否则，你应该慎重决定是否要和他迈入婚姻的殿堂。

当然，这并不意味着你的伴侣就应该将他的全部生活置于你的审视之下。

我相信他拥有以下权利：

- 隐秘的幻想（包括性幻想）和做梦（甚至是白日梦）的权利
- 不与他人分享独属于个人的想法或感受的权利
- 不汇报全部行踪的权利
- 不汇报某些暂时性且本人正在积极解决的工作或财务问题的权利
- 不汇报一起吃饭或喝酒的全部女性同事或朋友的权利

我知道，让所有女性接受伴侣的生活和思想中有些部分完全与她无关这一点并非易事。但对保持过好自己的生活与参与伴侣的生活之间的平衡而言，这一点尤为重要。你的伴侣不是你，他有属于他自己的内心世界、信仰和价值观。他在某些方面对你有所保留并不等于说了谎。请记住：只有以欺骗为目的保守的秘密才是真正的谎言。

你一旦意识到你的伴侣是个骗子，就会发现自己仿佛一直生活在两个平行世界里。在一个已知的世界里,你对他完全信任;在另一个世界里,他忙着掩盖自己的真实生活和意图,你可能只是匆匆瞥见过这种可疑的情形。也许你很难接受,你深爱的那个人就是对你说谎的那个人,可只有当两个世界产生交集时,你才能看清整个复杂局面。你该如何游走于这两个世界中,将决定你们这段关系以及你整个人生的未来走向。

第二章　让我们深陷其中的控制术

我们如果对说谎者的行为和手段缺乏足够的认识，是不会有机会抵抗其危害、终结谎言的。只有在了解这些以后，我们才能明确说谎者控制我们的方式，找到行之有效的反击方式。由于圆谎的形式多种多样，要做到这一点并非易事。不过，我已经发现了许多说谎者在担心秘密泄露或谎言被揭穿那一刻惯用的一些具有创意的小伎俩。伎俩虽小，每一个却都是为阻止我们发觉真相、表达不满与采取行动而设计的。

有些时候，这些伎俩甚至是周密部署、蓄谋已久的。在另一些时候，也许你的伴侣自己都没有想到他是在控制你。不过，他不管使用何种手段，方式都无外乎最有效的两种——要么否认，要么承认。他的目的只有一个：让你接受他的解释，相信他说的话，然后平息情绪，结束对抗，最后维持现状。

否认：没有的事

"谁，我吗？"

"我绝不会做这种事。"

"你疯了吗？"

面对你拿出的证据或提出的质疑，很多男性会采取一种最直接的辩护方式：否认一切。就像小孩一样，否认是他们被抓到后最自然的反应。如果一个手正伸进饼干罐的小男孩告诉你，他不是之前一直在偷吃饼干的那个人，你也许很快就会消气。这听起来也许有些奇怪：如果类似的话从你爱的那个人的嘴里说出来，你也很容易相信他。就算你拿出确凿的证据，比如他写给情人的情书，或是投资失败后的重大损失清单（而他曾信誓旦旦说过绝不会涉足该项目），他都能想出各式各样的否认方式来让你相信自己。

伎俩1：矢口否认

——没有，我没有。
——没有，我不知道那张纸上写的是什么。
——没有，我没有取过钱。

当一个男性知道你对他依然抱有一定的信任，或者你把他逼到退无可退，想听到一个直接的回答，或者他对自己感到颇为自信甚至自负时，面对你的种种质疑，他在说谎时就会以一句"没有"应付你。不是什么复杂或精巧的手段，只是一个简单的"没有"，就打发掉了你对他行为的任何问题——"你在外面有人了？""你借钱给你兄弟了？""你出去赌钱了？"这时他们的回答坚决而明确——"没有，我没有！""没有，我没做过！""没有，我不是！"

平面设计师简接到了自称是其未婚夫比尔的前妻的女人的电话。她前去质问比尔时，比尔选择对此直接否认。

他说那个名叫卡拉的女人就是个疯子，一直妄想着嫁给他，说我根本用不着在意这件事，她就是想挑拨离间而已。我请求比尔告诉我真相，只要他不对我说谎，任何答案我都可以接受，但比尔坚持他的说法。我知道这听起来有些不可思议——我相信了他。他直视着我的眼睛，说他是多么爱我，还说我如果也爱他，就应该知道他说的就是真话。那一刻，我甚至为开口问他而感到羞愧。

如果这种简单直接的否认方式对你不奏效，面对你的怒火和持续性审问，他就会改变策略，在原本回答的基础上做些加工。

伎俩 2：以攻为守

很多说谎者在面对质疑时会变得义愤填膺。他们会通过大发雷霆来转移你对当前问题的注意力。这一方式有如下几个优点：他不需要找借口为自己开脱，不需要掩饰自己，不需要制造新的谎言来圆上一个。相反，他只需要像政客和官僚被质问时那样否认问题，同时通过恐吓或威胁让质疑者退缩就够了。

我的客户诺拉是一位年近 30 的教师，当她无意中发现她的丈夫——一位 35 岁的兽医艾伦可能出轨的证据时，艾伦顿时表现得火冒三丈。虽然诺拉从不认为她和艾伦的婚姻有多完美，但她觉得他们一直在不断磨合，为消除关系中的矛盾而努力。可就在那个盛夏的午后，一切都改变了。

那天，我想用信用卡支付一张电话订单，于是拿起了他的钱包。我没有窥探他隐私的意思，也不觉得他有什么可偷窥的。可就在那个钱包里，我看到了一张小纸条，上面写着两个大写字母"CG"和一串电话号码。当时我还没想太多，只是后来随口问了一句"CG 是谁"。他竟突然暴跳如雷，大声指责我："你为什么翻我的钱包？你没有权力随便动我的东西。接下来你是不是要开始监视我了？你到底在发什么疯？"

为了平复他的情绪，我没有继续问下去，我甚至为自己动了他的钱包而感到愧疚，尽管我根本不是故意的。最后，这件事以我向他道歉而告一段落。

很多男性像艾伦一样,明白只要表现出足够激烈的情绪,就能让女性丧失刨根问底的能力和意愿。艾伦的这次爆发还给了他一个好用的借口,让他理直气壮地在日后的生活中对诺拉有所保留。诺拉逐渐发现,艾伦再也不会随便放他的钱包和日历了。而且,每当诺拉看到艾伦连接电话都要躲到书房里,甚至会从她手里紧张地抢过自己的信件时,她都感到十分愧疚,觉得这种隔阂是自己一手造成的。

至少在那段时间里,艾伦成功地阻止了冲突的发生,让诺拉无法质问他或与他沟通。于是诺拉不再继续追问,只是将疑惑深埋心底,直至矛盾最终爆发。

提示:

如果你身边的男性有暴力倾向或经你判断有从口头威胁发展到身体威胁的倾向,直接质问的方式很可能给你带来危险。这种男性一旦感到面子上挂不住,很可能会立刻恼羞成怒,从而对你施暴。当然,你从一开始就不应该和这种男性在一起,不过我也知道,现实中有太多女人处于这样的情况下。在本书的第二部分,我会帮你找出这种情况下的最佳应对措施。

伎俩3:卖惨

——你太让我伤心了,你竟然这样怀疑我。
——我本以为我们对彼此的信任坚不可摧。
——你竟然觉得我会做那样的事?

说这些话时,他的声音略带哽咽,眼里兴许还闪着几颗泪花,目的就是让你把注意力从他说谎者的身份转移到你的爱人这个身份上去。你现在可能正觉得他伤害了你的感情,辜负了你的信任,但他希望他能让你回想起你们当初坠入爱河时他在你心目中的形象——那个敏感、脆弱、爱了你这么久的人。

我的一位咨询者戴安从事律师助理工作。她的丈夫本的女儿佩吉在21岁时未婚生下了一个孩子。

> 佩吉从圣迭哥搬到了离我们很近的地方。我们也很高兴,这样照顾她更方便了,我们也很愿意这么做。但让我意想不到的是,不管是在怀孕时还是孩子出生后,佩吉都表现得像无法自理一样。她似乎觉得本照顾她是理所应该的。孩子出生后,她身体恢复得很好,也完全能工作——我姐姐还热心地帮她找了份日托中心的工作,在那儿她还能一直带着孩子——可她只想每天坐在公寓里看电视。
>
> 而且本总是跑过去给她送钱,还不断给她买东西,这给我们自己增加了不小的经济负担。我请求本不要再给佩吉钱了——他这样做只会让佩吉依赖我们,而不能对自己的人生负责。每当这个时候,本就表现得很听话,还向我保证不会再惯着佩吉。可只要佩吉一打电话过来,他就立刻出门了。上一次发生这种事时,我问他怎么了,他开始闪烁其词。
>
> 我说:"请告诉我实话。"他看起来非常伤心,抱住我说:"我说的是实话,我只是想去看看女儿和外孙,但我没给她钱,我知道我们负担不起。你知道我不会骗你的,我们之间的信任呢?"我为质疑他而感到自责——他一直是一个好人。

在这个案例中,没有燃烧的怒火,没有可怕的威胁,局势却依然被扭转了。看起来，不是他用谎言伤害你，而是你用满腹猜忌给你们之间过往的美好蒙上了阴影。你们之间产生的矛盾给他造成了巨大的痛苦，而最后你也悔不当初。

伎俩 4：反咬他人说谎

——你朋友说看见我和其他女人在一起才是在说谎。她一直不喜欢我，想拆散我们。
——你怎么能相信我哥却不相信我呢？
——你妹妹根本就是嫉妒我们的感情，她一看到我们在一起就不高兴，所以才骗你。

当你掌握的证据来自其他人时，面对你的质疑，他会表示说谎的反正不是他。按照他的说法，其他人让他难堪，其实是另有所图。你和他都没有错，错的是造谣的人。

我的客户艾莉森 38 岁，是一名摄影师。她和拥有一家公司的斯科特的婚姻遭到了家人的强烈反对。她的父母不同意，她的姐姐埃丽卡更是从一开始就觉得这个男人太滑头了，是个彻头彻尾的骗子。他们劝说过艾莉森，可艾莉森什么都听不进去，直到一天下午，艾莉森接到了埃丽卡打来的一通令她感到不安的电话。

斯科特大学时有一个叫基思的老同学，是个无可救药的人渣。他时不时因为酒驾入狱，斯科特就得去保释他出来，还借钱给他。只要他一个电话，斯科特就立刻冲过去帮他。一天晚上，斯科特又接到了一个电话，然后告诉我，他得去一趟贝弗利山监狱保释基思。我问他，为什么不能让基思自己解决自己的问题呢？他回答说，他不能弃老朋友不顾。晚上11点，我就上床睡觉了，可他不在身边，我翻来覆去睡不着。凌晨3点左右，我听到他终于回来了。过后我就没再想过这件事。

第二天上班时，我接到了姐姐的电话。她说："我纠结了一个上午，不知道该不该告诉你这件事，但我觉得我得说出来。就算你生我的气，我也认了，但是你应该知道真相。昨晚我恰巧住在贝弗利山酒店，斯科特在吧台跟一个我没见过的金发女人喝着酒卿卿我我。他没注意到我，跟那个女人一起离开了。亲爱的，告诉你真相简直比杀了我还难受，但这个男人就是个渣男。"

听到这里，我当然极其震惊，但我还是告诉自己，一定有合理的解释。我们俩的关系这么亲密、有激情，他怎么可能想着找其他女人呢？

艾莉森从姐姐处得知消息后，既难以置信，又惶惶不安。她的世界瞬间崩塌，现在唯一的解决办法就是找到问题的根源——斯科特。但可怕的就是，斯科特是一个控制他人的高手，能迅速把责任推卸到其他人身上，且听起来很有说服力。

我把埃丽卡的话转告给了斯科特，他果然非常生气，说："你姐姐可真不安好心。我们结婚的时候，她就千方百计地阻挠，现在又想彻底拆散我们。你明明知道我昨晚去了哪里——我去保释基思了。她看到的可能是长得像我的人。"我问他为什么那么晚才回来，他解释说，光是办理保释手续就花了很长时间，然后他又亲自送基思回家，还陪他聊了一会儿，劝他加入戒酒会，聊着聊着就忘了时间。他对朋友就是很好，所以这话听起来不像是假的。我当然可以核实一下他的话，但我不想，因为我不希望他觉得我在监视他，所以我选择了相信——但那就意味着我姐姐是个骗子了。

艾莉森的例子恰恰证明了女性多么希望相信自己的爱人，她们又花了多少精力为男性辩护，甚至付出了自己的幸福以及和那些真正关心、爱护她们的人的关系为代价。其实艾莉森只要问一问警察基思到底有没有被捕，或者直接问基思本人（虽然说谎者通常会预先找人给自己打掩护），就能知道事情的真相了。但就像很多女性一样，艾莉森认为，她的刨根问底只会损害她心目中自己那个关爱与信赖丈夫的美好形象。

指责他人这一伎俩成功地将我们的注意力从"他是否在说谎"转移到"我对他的信任"上去了。于是，我们选择了忠于伴侣，却没有选择保护自己。

甩锅给孩子

你的伴侣指责其他成年人造谣或者说他坏话，认为对方别有用心，这种行为本身已经足够糟糕了。如果他用这种方式指责的是孩子，那么这种伎俩便更加阴险。假如你的伴侣和孩子口中的描述截然不同，面对生命中最重要的两个人，你会陷入两难的境地。

卡罗尔刚结婚时，就因为丈夫肯隐瞒犯罪背景而丢掉了一份好工作。即使肯越来越难以相处，卡罗尔依然坚信自己可以改变他。后来，肯开始酗酒、夜不归宿，还经常污言辱骂卡罗尔，但卡罗尔对他依然不离不弃。

> 我知道很多次我明明可以一走了之，可我真的舍不得我的孩子们，我害怕离婚会给他们带来难以弥补的伤害。终于，压死骆驼的最后那根稻草不期而至。那天，肯带着我们的小儿子杰夫去露营，结果却把杰夫一个人丢在汽车旅馆里一整晚。回来后，杰夫告诉了我这件事，我去质问肯怎么能让一个那么小的孩子独自过夜，肯却说是杰夫在说谎！他说孩子就喜欢编故事来引起大人的注意，还说我应该搞清楚谁才是该相信的人。

在这种情形下，孩子很容易成为靶子，因为说谎者知道孩子想获得大人的信任有多难。像肯这种不负责任的家长知道，自己承认错误不光什么也得不到，还会失去很多已有的东西，所以，还有什么比指责孩子说谎或编故事更有力的否认方式呢？

幸运的是，卡罗尔相信儿子。如果她没有这么做，那么就像肯背叛自己的妻子和儿子一样，她背叛的就是儿子以及她作为母亲和监护人的身份。但可悲的是，有些女性在面临这样的选择时，却做出了恰恰相反的决定。

伎俩5：编故事（入门级）

当说谎者觉得简单地否认一次过错不是那么方便和舒服时，他们中有些人就会采用一种更具想象力的招数：编故事，而且通常不必编得毫无破绽。有些人坚持自己的说法，每当他们的伴侣发现谎言中的漏洞时，他们就会做出另一番新解释。这一策略的精髓就是绝不承认错误，而用一个又一个谎言来应对质疑和指控。这种伎俩能让女性的注意力全部集中到调查真相、寻找证据，而不是停下来评估这段关系上。

当诺拉专注寻找丈夫和CG出轨的证据的时候，她的丈夫没有选择直接否认，而是开始捏造事实来应对她的盘查。

> 那件事平息一段时间后，他开始很晚才回家。我知道他从不喝酒，所以他不可能去酒吧，但每次他都有理由。他说他下班后得去见客户——可实际上他的工作根本不需要他这么做。他根本不擅长说谎，但他似乎并不在意。
>
> 后来，我在他车上的烟灰缸里发现了一截带口红印的烟头，然而我俩都不抽烟。我跑去问他时，他先是显得很生气，然后开始吞吞吐吐："哦，我想起来了，之前那个谁，她的车送去修了，所以我送过她。"他总能编出故事来。

伎俩6：编故事（大师级）

有些说谎者编造的故事听上去太过离奇，听者会产生怀疑，但还是会强迫自己相信那是真的。毕竟，事实可能比虚构的故事更令人匪夷所思，而且，这故事已经够离谱了，如果它不是真的，你爱的那个人应该不会指望你能相信吧？

不。他们还真指望你相信那些离谱的事。

比尔看到简相信了他之前的谎话，变得更加肆无忌惮了。根据以往的经验，他知道自己说什么，简就会信什么。而另一边，尽管比尔的话越来越不符合逻辑，但看到他对那些可疑行为的真诚的解释，简选择相信他。

那天我们全家出游，就像每个开开心心的美国家庭那样。我和比尔坐在前面，孩子们坐在后面，天气也很好——还有比这更美好的生活吗？这时，我想起忘记带太阳镜了，但我在自己和比尔的车里都放着一副备用的。我打开汽车储物箱，拿出我的眼镜，却发现那里有一张扣着的拍立得照片。我拿起照片，翻过来。上面是一个非常漂亮的棕发女人，30岁上下，穿着一件紧身毛衣和一条蓝色牛仔裤。她确实非常迷人。可为什么这照片会出现在比尔的车上？我把照片递给他。

刚开始，比尔假装不知道照片上的女人是谁。之后，他说："我的天哪，是卡拉（他的前妻）。"然后他开始编了："我的车里怎么会有她的照片呢？她可能在跟踪我。我告诉过你，她特别疯狂，而且特别迷恋我。我觉得她一直在跟踪我，趁我把车停在路边的时候偷偷地爬进来，我猜她想用这种方式和我保持联系。"

这种事不是不可能发生。他的说法似乎也很有道理：精神状态不稳定的前妻不愿接受丈夫离开的事实，所以想方设法介入他的新生活，然后试图挑拨他和再婚妻子的关系。当时我觉得比尔不会对我说谎，而且他不会和一个曾经给他带去那么多麻烦的女人藕断丝连。

这种屡战屡胜的感觉让说谎者迅速膨胀，甚至铤而走险，用最离奇的故事来应对质疑。他可以完全掌控信息的流通，只让你知道他想让你知道的。而且他认为，你发现的任何漏洞，他都有能力编造出完全可信的故事来堵上。

否认之下的两难困境

在强有力的证据面前，男性否认自己说过谎的方式通常有：

- 你没亲眼看见。
- 你没亲耳听到。
- 你不了解背后的原因。
- 你在夸大事实 / 那是你幻想出来的 / 你在疑神疑鬼。
- 你在伤害他，破坏你们之间的关系。
- 他不是有问题的那个人，你才是。
- 有人想挑拨你们之间的关系。

说谎者使你陷入了一种两难的境地。你可以通过自我否定来说服自己：我才是罪魁祸首，是我反应过度，是我得了失心疯。如果你成功地进行了自我催眠，你们的关系就可以继续下去。可你如果坚持最初的立场，不仅会让你爱的那个人难过，你们的关系也将陷入危机。这是一场关于自我催眠和痛苦现实之间的抉择。但正如我们接下来会看到的那样，很多人倾向于选择第一种方式。

承认：未必悔过

并非所有说谎者都会选择一味地否认。在没有进行否认的说谎者中，有些人是觉得编造细节齐全的故事之后还要不断打补丁太过麻烦。另一些人还算有基本的人品与良知，看到自己给伴侣和两人的关系带来的伤害，感到难受和愧疚。但还有一些人是把认错当作一种摆脱指责的相对快捷的方式。

有时，我们希望从说谎者那里获得的就是认错和忏悔——这意味着一次新的开始，一个重建信任的好机会。在本书的后半部分，我们会看到不少伴侣选择使用这一方式的例子。不过现在，我们首先要认识到一点，那就是认错这种方式具有极强的迷惑性。对很多男性来说，认错只是另一种将你的注意力从谎言的严重性和消极后果上转移的策略。认错，道歉，然后继续说谎，这种情况太常见了。

伎俩7："都是我不好"

—— 我不该对你说谎。虽然这次我的确说了谎，但这件事已经过去了，我保证以后再也不会这么干了。

—— 对不起，我搞砸了，请你原谅我。

—— 你完全有权利恨我，但请再给我一次机会。

和那些说了谎还继续狡辩的人相比，会认错的人似乎显得很不一样。他是说了谎，但他敢于承认错误，还保证会弥补自己造成的伤害，我们怎么会不宽恕这样的人呢？

护士凯西的丈夫戴维隔三岔五就会在金钱方面说谎，而她时常受到戴维充斥着甜言蜜语的忏悔摆布。

婚后不久,他就开始用我的信用卡买东西,包括各种电脑配件和业余无线电设备。刚开始他还会否认,不过当我拿出账单时,他放弃狡辩,承认了他的所作所为。他说,他只是不好意思直接向我开口要钱,还说以后会每周存一些钱还给我。他承认自己过去很不负责任,但他确实在一点点地改变。他保证以后绝不会发生类似的事情了。我听后非常感动,还为他感到骄傲。他想改过自新,这听起来比什么都更让我高兴。

在凯西眼里,他们的关系再一次重回正轨。不再有不可告人的秘密,误会也全部消除。而最让她高兴的一点是,戴维开始真正向她敞开心扉,主动和她分享自己那些私密与痛苦的感受。他爱她,所以愿意为她做出改变。正如其他女性一样,凯西发现自己很容易相信自己想听到的话。但可惜,戴维并没有兑现他的诺言。

有一天,他说他去上班了,恰好那天我有事找他,就打电话到他的公司。但前台告诉我,他整天都不在。等到他晚上回家后,我告诉他我知道他没去上班,我感觉自己受到了欺骗。他立刻露出一副十分痛苦的表情,说自己这段时间脑子一团乱,需要好好放松一下,所以去看电影了。看吧,他总能飞快认错。于是我想:"好吧,至少他没说谎。"而且,他还是我最好的朋友,我可以向他倾诉一切,他也会认真聆听。

戴维发现,他的认错行为至少在一段时间里会让他占领道德高地。他知道,承认事实对降低凯西对他的失望值有非常大的帮助。虽然凯西对他的行为感到愤怒,但至少他敢于低头认错,这一点让凯西觉得他还算敢作敢当。不过凯西忽略了一点:他被迫承认错误的前提是他说了谎。

一笔勾销

如果一个说谎者的愧疚阈值很高,那他只有在谎言和欺骗实在难以继续时才会选择认错。这种人只不过是把认错当成一种障眼法,好私下继续为所欲为罢了。

诺拉的丈夫艾伦使尽各种否认招数来掩饰他的出轨行为。随着时间的推移,他逐渐走向了另一种模式。

> 能否认的方式都用了,能编的故事也都编完了,艾伦决定彻底招了:"没错,是真的。我确实跟工作上认识的人有过一段,但那都是过去的事了,我发誓,我以后再也不会这样了。我爱你,我爱儿子,我不想失去你们中的任何一个。"天哪,我太想相信他了。

对艾伦来说,只要认错,过去的一切就能一笔勾销。这种方式也许对说谎的男性有好处,但受害的女性如果把认错当作整件事的终结,其实对自己不够公平。

> 大概有三天的时间,一切都岁月静好。紧接着,我就又会发现他说谎的痕迹,比如商店的收据之类的。我甚至觉得他就像希望被我发现一样。然后一切又回到了原点:他欺骗我,我发现证据,最后他用不变的套路来获取我的原谅——从矢口否认到招供,从悔不当初到满口承诺,最后扯出保卫真爱与奉献的大旗。

凯西和诺拉都陷入了男性的"认错陷阱"。她们反复经历着从震惊到愤怒,到原谅,到怀抱期待,再到发现下一个谎言后万念俱灰的过程。

她们应该明白,嘴上功夫永远停留在嘴上,单纯的承诺是没有任何意义的,只有努力实现个人成长、带来真正的改变才有意义。可惜的是，凯西和诺拉仅仅是看到伴侣承认错误，就对他们的品格深信不疑。实际上，承认错误掩盖了他们说谎的事实。

伎俩8:"没什么大不了的"

——你何必这么心烦意乱/歇斯底里/气急败坏？
——这说明不了任何问题。
——你反应过度了。

有些男性懂得利用言行举止营造出一种欺骗和背叛也没什么大不了的氛围——小事一桩，根本无须为此担心。他会劝你放轻松，告诉你他说的谎没什么坏影响，所以用不着大惊小怪。他甚至会直接说出自己的计划，仿佛他的动机也是漫不经心的，从而让你思考自己是不是小题大做了。这种说谎者精通大事化小、小事化了的艺术——无论他是多么处心积虑，你的反应又是多么严肃。

服装店经理李发现巴里竟然一边追她一边和另一个女性同居，但最让她感到震惊的是巴里被揭穿后的态度。

> 当时我真的感到非常伤心和愤怒，但我努力地克制着自己的情绪，不想有失体面。我告诉他，我不喜欢他对我说谎，何况我从来没有对他说过假话。但他表现得满不在乎——他应该打心眼儿里认为他没有做错什么。他的理由是，他跟那个女人不可能有未来——他想要更好的未来。

卡罗尔的丈夫肯也是一位把事态最小化的大师。当卡罗尔发现他曾在一次缉毒行动中被捕入狱后去质问他时，他的反应足以证明这一点。

我当时的心一半感到麻木，另一半杀气腾腾。他进门的那一刻，我朝他大喊道："你为什么不告诉我？"他的回答却令人难以置信。"没什么大不了的，我当时年轻不懂事，再说了，不过是大麻而已。而且，虽然那件事已经过去很久了，但我还是怕你觉得我不是什么好人，不会嫁给我，我才没说。"

　　把事态最小化还是一种逃避自身行为与谎言造成的严重后果的有效方法。肯的不诚实导致卡罗尔丢掉了心爱的工作，但肯觉得责任不在他。他不过是干了很多人都会干的事，不过是运气不好被抓到了而已。他拒不承认这件事是因他而起的，更不承认自己对妻子说了谎。他用一句"没什么大不了的"就推卸了自己在整件事中的责任。

　　我的咨询者帕特经营着一家颇受欢迎的古董店，当男友保罗对她使出这招时，她不知道该怎么做了。

　　这5个月以来，我和保罗一直保持着稳定的关系。他风趣、性感、迷人，是个非常优秀的男人。虽然我不确定我们的关系能发展到什么地步，但没关系，那时我刚离婚，也不急着进入下一段婚姻。但在一件事上我们达成了一致，那就是我们只要还在一起，就不会跟其他人约会。我们各有住处，也都很享受这种相处模式。

　　一天晚上，保罗告诉我他的前女友要来住几个星期，想借住在他那里。他向我保证，他们早就分手了，不会发生关系，我用不着担心这一点。我告诉他我不觉得这样的安排有多好，但是我似乎没权利不让他这么做。而且，我一直以来都是个善解人意、通情达理的人，我不想让他觉得我小气、占有欲强。

　　保罗故意传递给了帕特矛盾的信息。一方面，"前女友要来住几个星期"肯定会让帕特有所警觉，但另一方面，保罗却一再强调前女友的到来绝不会影响他和帕特的正常见面，而且，他和前女友现在只是单纯的朋友关系。

所以，接下来的两周里，我们还是像往常一样在一起，看电影，吃晚餐，开车去海边，享受性爱。可就在他前女友离开一个星期之后，保罗突然给我打了个电话。他开口的那一刻，我就有了不祥的预感。他说他想和我当面谈谈，有些事电话里说不清楚。那20分钟的等待似乎变得格外漫长，我在心里想着："好吧，他果然是想回到前女友的身边去了。也许是我太独立了。"那一刻，我感到了真真切切的害怕，不想就这样失去他。

他一脸严肃地进来了。我和他坐在我家露台上。他缓缓地拉过我的手，用一种十分平静的语气告诉我，那个女人让他感染了性病。"可是，可是——"我急得直结巴，"你不是跟我说你们不会上床吗？！"他说："我知道，亲爱的，对不起——但事情失去控制了。"就算他就此打住，事情已经够糟糕的了，可接下来他脸上出现了一个做错事的小男孩一样歪歪扭扭的笑，他说的话让我不敢相信自己的耳朵："亲爱的，你应该了解我的，跟一个漂亮女孩睡在一张床上，我怎么可能什么都不做呢？行了，你也不用着急，一切都会好起来的。我去看过医生了，他告诉我该怎么做了。"

我简直想掐死他。他从没告诉过我他们会睡在一张床上！而且那段时间我们也做过爱，所以我也有可能得了病。这件事糟就糟在，他表现得好像没什么大不了的一样。他是想说我没有负起阻止他的责任，所以不能全怪他吗？我现在该怎么办？

保罗已经计划好了，打算当什么事情都没发生过，和帕特继续在一起。很明显，他认为当初自己没把跟前女友共睡一张床的事告诉帕特的狡猾行为，根本就不是什么大事。这次他是意识到再也瞒不住了，才把事情都招了，但形容得好像这件事多有趣一样：故事的男主角魅力逼人，他受到了诱惑，没能控制住自己。他在说出那句"你应该了解我的"时，便在暗示帕特早该知道会发生这种事。

保罗和帕特做过约定，要维持一种对彼此忠诚的情侣关系，但保罗却毁约了。也许帕特无权在保罗告诉她前女友要借住时大惊小怪，但她有权要求保罗不对她说谎，要求他做事更负责。认为对和第三者发生关系并染上性病这件事说谎没什么大不了的，是在侮辱帕特以及他们的关系。

那些希望将自己的劣迹大事化小的男性，往往更懂得利用他们一开始吸引女方的特质——他们的魅力、谈吐和自信——来使其接受自己的解释。谎言被揭穿时，他们会借助过去屡试不爽的手段来为自己善后。

大事化小的行为令人格外愤怒，它会使你质疑你的自我认知和愤怒的权利。你开始质疑自己：是我反应过度了吗？是我小题大做了吗？当然，帕特很清醒，没有落入这种陷阱，但在本书的第五章中，我们会看到，在遇到这种手段时，很多女性需要努力跳出陷阱，才能意识到自己面对男性说谎行径时的反应原本是正常、合理的。

伎俩9："没错，我是做了，但都是你造成的"

—— 是你逼我的。
—— 我不告诉你，是因为你接受不了真相。
—— 我不告诉你，是因为你很生气。

如果你把承认事实和真心实意的忏悔画上等号，那下面这一伎俩一定会让你大开眼界。承认事实并不意味着说谎者会彻底向你敞开心扉或请求原谅。有些人一旦被戳穿谎言，就会立刻跳出来反击，这进一步证明了有力的进攻才是最好的防守。

凯西发现，随着时间的推移，戴维渐渐把曾经的坦白和改过自新的承诺抛到脑后，因为他开始在一件对她而言极其重要的事情上说谎——戒酒。

> 结婚两年后，我发现他又开始酗酒了，但他坚决否认。他开始变得非常情绪化，我有些害怕，所以搬到我姐姐家暂住。可没过多久，我家有一只猫跑丢了，戴维打来电话，希望我帮他一起找找看。但我一见他就闻到了他身上的酒气，就问他是不是又喝酒了，他却反过来指责我的不是："如果你不离开我，我怎么会去喝酒？"我当然知道这根本就是他的借口，可我还是忍不住自责起来。

戴维和很多说谎者一样，一旦被发现说谎，就会立刻180度调转矛头，说服对方为自己的行为背黑锅。这就是经典的合理化行为的操作——"我这样做，是因为……"，为的是寻找借口来掩盖自己行为的错误本质。按戴维的思维方式，他别无选择，只能说谎。为什么？因为是凯西让他变得痛苦不堪的。这一论断虽然没什么逻辑可言，但能成功将受害者的注意力从说谎行为和说谎者身上转移，而这正是说谎者的目的所在。

当肯发现对自己曾被捕入狱的事不以为然并没有让卡罗尔从失去梦想中工作的愤怒中走出来时，他决定改变策略，颠倒黑白。他知道自己有麻烦了，因此选择的策略从大事化小变为倒打一耙。他想到的第一件事就是和她上床——这也是他解决一切问题的方式。

> 我拒绝了他，因为我非常生气，没想到他竟然先发起脾气来了。"你这是在惩罚我吗？你看，所以男人有时候就得说谎，不说谎，女人就会生气，就连床都不愿意上了。"

下面还有一些常见的转移责任的例子，你可以看到其背后的真实含意：

——如果我告诉你我结过婚/在什么地方有个孩子/吸过毒/被国税局调查过，你根本接受不了。（真实含意：我说谎是因为你太脆弱了。）

——我不告诉你我们的财务状况，是因为你一谈钱就太激动了。（真实含意：我说谎是因为你会无理取闹。）

——好吧，我出轨了。可你一心扑在你的工作上，你还希望我能怎样？（真实含意：我这样做是因为你太自我中心了。）

面对女性的质疑和审问，不管说谎者是否认也好，承认也罢，或是两者兼而有之，其目的只有一个，那就是让你接受他的解释，后退一步，停止逼问他，让你们的关系维持原状。为了给你洗脑，让你相信再大的谎言都是无关紧要的，或某种根深蒂固的说谎模式不过是一时糊涂的结果，他会精心选择使用的伎俩。也许有时他并没有意识到自己在控制你，但只要他使用了本章中提到的这些伎俩，你就可以确定，他投入了越来越多的时间与生活，只为了用一个接一个谎言填补最初的黑洞。

第三章　说谎者的思维方式

　　他为什么要这么做？我相信，这个问题折磨着成千上万的女性。他为什么就不能和你实话实说？如果他还有点儿良心，这么做就不会让他感到不安吗？说谎这种事就不会让他精疲力竭吗？

　　答案有时并不复杂。他说谎也许只是因为有时候说谎比说实话容易，也许是因为他比较贪婪，想不对你负责就得到某些东西，也许是因为在某些问题上，他知道你的态度必定是反对、失望甚至愤怒的，而比起说实话，说谎能避免导致这些不愉快的结果。

　　但更多时候，原因是复杂而难解的，也许深埋于他的潜意识中，是在他早期的生活阅历、和父母及其他重要之人的关系、对两性的看法以及潜意识中许多恐惧和矛盾的共同作用之下形成的。

　　我知道你很想知道答案，但在此之前，首先要记住两件事。第一，本章内容绝不是在为他的谎言寻找借口。他其实有很多其他选择，但偏偏选择了说谎。说谎并不意味着他是个怪物或是个彻头彻尾的坏蛋，但他应该为选择了欺骗和背叛的行为承担责任。说实话有时也许更可怕，存在更大风险，但这才是一段关系保持健康的唯一途径。第二，你不可能为所有说谎行为找到原因。事物的因果关系常常是难以归纳的。你可能非常期待从说谎背后的原因中得到些许安慰，但你不一定能找到它们。当然，有些答案是显而易见的，我们观察得越仔细，就越能找出这些疯狂而可怕的行为背后的秘密。

谎言有时是一种保护手段

谎言有时是一个复杂的矛盾综合体，是一个人的态度、观念、需求与其身份、背景以及经历相互影响、共同作用的产物。男性之所以说谎，很多时候是为了逃避他们认为具有威胁性或会令他们痛苦的情绪或事件。说谎一来可以满足他们的某种需求，二来可以保护他们免受不愉快的感觉、恐惧以及可能出现的后果侵扰。说谎可以保护：

- 他们对外界、你以及他自己树立的形象
- 他们对自由和自主的需求
- 他们对掌控的需求

说谎也可能是掩盖一些深层次恐惧的方式：

- 他们害怕告诉你真相后，你会离开。
- 他们害怕你从此有了控制他们的筹码。
- 他们不敢面对"3个C"：矛盾（conflict）、冲突（confrontation）和后果（consequence）。
- 他们害怕你会生气。

我们在研究人为什么会说谎时，会发现需求和恐惧往往是你中有我、我中有你的，很难将它们分开看待。请记住，有些谎言的发生取决于情境带有投机性的：当他们看到能让他们赢得胜利、占据优势，或是能避免矛盾或冲突发生，或是能让他们少花些力气解释的机会，他们就会对你说谎。可如果说谎已经成为他们行为中根深蒂固的一部分，这通常是因为他们的需求和恐惧已经完美融合，说谎不再只是出于方便，而是他们摆脱不掉的行为习惯了。

维护自身形象的需要

很多男性的谎言其实是在表演给三种观众看——你、外界以及他们自己。为了保持一种良好形象——体面高贵、周到贴心、为人正派、功成名就——以及拥有想做什么就能做什么的自由,他们会挖空心思去颠倒黑白。

前文中提到的平面设计师简在接到卡拉那通电话后问比尔他是不是真的结过两次婚时,比尔先是极力否认全部指控,当简在车里发现卡拉的照片后,他竟然编出了一个令人咋舌的故事。

> 直到6个月后,我终于发现了事情的真相。我们当时刚买了一栋房子,准备办理过户手续。比尔给了我一堆文件,告诉我他已经填好了他那部分,让我填我那部分。可就在我准备在他抽屉里找几张邮票时,我发现了一张申请表。在"婚史"那一栏,果不其然,他填了他的第一段,还填了和"卡拉·莫顿"的第二段。那一刻,我真的不知道该如何描述我的感受——恶心,全然的恶心,还有天旋地转。我知道他不可能对中介机构说谎,因为那是违法的,可他就能对我说谎吗?我下定决心,这一次,一定要让他吐出真相——全部真相。

谎言迟早会被揭穿。可当这一天来临,比尔发现简单的否认已经不奏效时,他又使出了另一种挽救自己形象的招数:

> 他张开双臂紧紧地抱着我,对隐瞒卡拉的事情向我表示深深的歉意。是的,他们有过一段婚姻,但仅维持了数月。他说他本不想娶她,只是因为当时卡拉已经怀有身孕,她苦苦哀求他负起责任,给孩子一个名分,他才答应和她结婚的。但后来卡拉流产了,精

神上受了刺激，不得不住院治疗。比尔说，他一直等到卡拉的情况有所好转，靠药物维持了精神稳定后才和她办理了离婚手续。他还说，他是因为担心失去我才隐瞒了实情，他害怕我一旦知道他结过两次婚，会认为他不可信赖，然后离他而去。

他的解释是那么的合情合理，说的时候还眼含热泪。听完他的话，我觉得他是这个世界上最温柔体贴、最值得尊敬的男人。这个年代，谁还会仅仅因为一个女人怀有身孕就和她结婚，还陪着她渡过所有难关呢？在我看来，他简直称得上圣人了。

但可惜，比尔并不是圣人。他煞费苦心地把自己包装成一个近乎英雄式的人物，成功地完全甩掉了自己对谎言的责任。但比尔的这种想法——用谎言来维护他在简心目中的美好形象，并为了圆谎不断用新的谎言来填补漏洞——本身就是不合逻辑的。

从比尔的描述中，我们就可窥见他的真实想法。他说，他害怕简知道真相后会离他而去。其实很多男性都喜欢用谎言来维护自身形象，从而防止伴侣的拒绝。为了美化自身形象并巩固与伴侣的联系，他们会利用隐瞒真实身份和所作所为的方式。他们认为，等谎言被揭穿后再去应对也不迟。

简还为我们提供了更多的线索。

比尔是个光靠外表和人格魅力就能得偿所愿的家伙。上学时，他就是校园里的风云人物，他参加过的竞选就没有不成功的。同学们都崇拜他、喜欢他——尤其是女生。他已经习惯不费吹灰之力就得到想要的一切了。不过我也注意到，他似乎太在意别人对他的看法了。

比尔为自己精心树立的形象满足了他内心的虚荣，也成了他通往成功之门的钥匙。任何会威胁到他形象的事情——比如两段失败的婚姻，都会被他小心翼翼地隐藏起来，或在必要时换上一种能继续维护他外在形象的解释和包装方式。

比尔也许真的认为，只要他有任何缺点，他就一定不会被人接受。也许他的脑海里经常闪过这些警示：

- 她如果知道了我的真实情况，一定会甩了我。
- 如果我不完美，她就不会爱我。
- 她永远不会原谅我的错误或容忍我的缺点，所以我必须尽力掩藏它们。

说真话毫无好处

简不再一味地把比尔的谎言浪漫化，她开始看清事情的本质，不过这种转变很快就引发了一场婚姻危机，以至于他们需要进行婚姻咨询。

在一次谈话中，我问比尔，他是怎么得到"实话实说远比说谎更可怕"这种结论的。

> 这个问题很有意思，我从来没考虑过这个问题。小时候，我父亲经常对我"钓鱼执法"。他会告诉我，只要我说出真相，他就不骂我，可每当我相信他以后，他又总会翻脸责罚我。有一次我真的印象深刻，但他不止一次那么做了。我记得那是一个圣诞节的早晨，我那时大概10岁。那天，我的新自行车不小心把他的车门划了一道印子，我乞求上天千万不要让他发现，但他还是发现了。他问我车门上的划痕是怎么回事，我紧张地站在那里，双手插在口袋里，一言不发。他说："告诉我怎么回事，你说实话，我不会追究的。"最后，我承认是我干的，是我从车库里取自行车时不小心划

到了。他沉默了一会儿，然后对我说："好吧，现在把你的新自行车退回商店，退款应该够付我车门的修理费了，这样你才会知道珍惜别人的东西。"所以从那以后，我学聪明了。我发誓再也不会让人这么耍、搞得这么狼狈了。

所以当简对比尔说"告诉我实话"时，她不知道自己已经唤醒了深藏在比尔心底的记忆——这些记忆那么根深蒂固，是形成他对实话实说的后果的认识的基础。通过父亲对他说谎、给他下套、让他在说出真相后受到羞辱与惩罚的行径，比尔得出了这些可怕的结论：

- 真相会让强者愤怒。
- 真相会让我受到惩罚。
- 真相会让我狼狈不堪。
- 千万别相信对我说"告诉我实话"的人。
- 承认错误以后，我不仅什么都得不到，还会失去拥有的一切。
- 说谎的人（比如我父亲）反而对局面更具有控制力。

当比尔相信说谎才是更安全、更聪明，同时又更能维护他良好形象，让别人觉得他很优秀的选择，他就会拼命掩盖真相。如果比尔和简都不愿意做出改变，那么他们的婚姻也将危机重重。

"一切都很好"的谎言

有些人为了给他人——当然也包括你——留下一个好印象，告诉人们自己是多么成功、多么聪明的一个人，会不惜在自己的收入和生活方式方面夸大事实。可当你的伴侣为吸引他人的崇拜而塑造的形象与现实严重不符时，你会发现你们的生活变得犹如空中楼阁。

律师助理戴安看多了这类谎言。她的丈夫本一直对资助女儿这件事说谎。他在金钱方面的其他虚张声势的行为在他们的生活中也随处可见。此外，本从事的行业本身就让他接触到了各式各样的富人：

> 在他工作的行业里有太多这种打肿脸充胖子的事了，所以我只能把这当成行业特色。我在聚会上不止一次听到本和人们高谈阔论，就好像那些大单子都已经谈成了似的，但实际上八字还没有一撇呢。就在前不久，他又告诉别人他准备去马里布开发房地产，说一定能狠赚一笔。我知道他确实花钱请了一位建筑师在设计图纸，但他现在连地皮都还没买。那根本就是骗人的鬼话。

本特别喜欢向听众吹嘘自己那些房地产投资，只有这样，他才能看起来像是一个成功的企业家，也才能满足自己内心对他人认可和崇拜的渴望。但最糟糕的是，戴安还发现他一直在隐瞒他们全部共同财产的去向，所以她不得不向别人打听。

> 跟了本 10 年的秘书准备辞职了。临走前一周，她给我打了一通电话。她在电话里说："我知道我不应该这么做，但我还是想提醒你，你得让本老老实实告诉你，你们的钱都花到哪儿去了。"我突然感到害怕，因为我们背了很多债——我们的收入负担不起我们奢侈的生活方式。他总是要换新车，还要穿纯手工定制的西服套装，还经常在聚会时抢着埋单——你知道这种人。但他总是跟我说，没事的，一切都没有问题。我问那位秘书她到底想说什么，她告诉我，本为了做投机生意一直在到处买地，还以很高的利率贷款支付。他现在已经到了用贷款还贷款和支付公司日常开销的境地了。她还说她已经一个月没有领到工资了，所以才选择离开。但比

尔总是说一切都很好。我的天哪,苏珊,我简直要疯了。

一切都不好。本的世界已经脱离了他的掌控,而戴安要面对本的狂妄自大导致的这场无妄之灾。本一直不愿向她承认问题,因为他觉得那样会有损他完美的形象。他一向穿着得体、谈吐优雅,深知如何给人留下美好的印象。但在他那些谎言背后,他坚信真实的自己不会受到他人欢迎。他必须创造一个自己无法胜任的形象,就像小男孩穿上爸爸的鞋,假装自己已经长大一样。本一直在戴着面具演戏,演给他自己,演给戴安,演给身边的亲朋好友,演给合作伙伴。只要有助于提升他的个人形象,不管什么谎他都敢说。

生活管理大师

还有一种说谎者有着与前文中截然不同的形象管理方式。这种人在职场上干得风生水起,但在个人生活中谎话连篇,因为他们能把工作、家庭和不为人道的隐秘生活分得清清楚楚。他们的生活一部分给了事业,一部分给了妻子和家庭,另一部分给了情人(甚至情人们)。

格温是一名医学研究员,她和她所在医院的主任医师彼得有一段持续了两年的婚外情,而彼得在业内因其高超的医术、高尚的职业道德以及体恤患者的慈悲之心而备受好评。

> 我最想不明白的一点就是,他在各方面都堪称楷模——除了他和妻子的关系以外。他在 20 岁时就娶了这个大他几岁、看起来像他母亲一样的女人。我们刚在一起的时候,他就表明了他的态度。他说他永远不会离开他的妻子和孩子。他虽然不爱她,但还是不会离开她。这些年他不断出轨,其中有几段外遇甚至持续了好几年。

我知道我不是他的第一个情人，更不会是最后一个，但我依旧为他痴狂。我问过他："你为什么要过这样的生活？"他说："我有责任照顾这些人。如果我离开了，我的家庭就会支离破碎，我的父母也会受到最沉重的打击。我不想伤害我在乎的人，所以我是不会离开他们的。我拼命工作，努力赚钱，我为我自己取得的成就感到自豪，但我也应该有享受一些乐趣的权利。"我知道我应该结束和他的这段关系，因为这对我来说是一条死胡同，但我就是不明白他为什么要这样生活。

彼得之所以能在这样的生活里游刃有余，是因为他具有出色的生活管理能力。他将谎言以及在外拈花惹草的行为统统与工作和家庭分开，因此也避免了自己产生负罪感。这样一来，他就维护了自己作为儿子、丈夫或父亲的尽职尽责的形象，还通过自己的工作为社会做出了重要的贡献。他相信，只要没有人知道他生活的另一面，就不会有人受到伤害，他的家庭也可以维持幸福美满。

天之骄子

格温告诉我，彼得还是一个总能令人产生依赖感的人，他尽力维持着自己家庭顶梁柱的角色。

他一直扮演着那种主心骨的角色，是家里的骄傲。他的父母是来自中西部地区的普通人，没受过什么教育。但彼得非常懂事，放学后还会出去打零工补贴家用。他头脑很好，已经做到所在专业领域里的权威。他的父母经常告诉他，他们是多么以他为傲，也因为他的这段婚姻而感到幸福和快乐。他甚至还在这里给父母买了一栋房子，让他们住得离自己更近一些。但他从小都没能好好玩耍或是做个纯粹的孩子,他的生活里只有工作、工作、工作和责任、责任、责任。

我猜,彼得其实被一种他从小被灌输的特殊责任感所困。只要他认为履行责任很重要,他就可以将自己欺骗妻子的行为合理化,认为这是一种更温和、对家人更好的处理方式。他一旦承认自己婚姻的不幸,无疑会给他的家庭带来毁灭性的打击和无尽的伤痛,同时也会毁掉他负责任的好形象。所以,他选择了出轨。出轨能带给他足够的刺激和满足感,缓解了他为自己在家庭中的处境采取解决措施的需要。的确,在生活的某些方面,彼得称得上是一个有担当且受人尊敬的人,但自从他选择过这种双重生活,他就再也谈不上真正对任何人——尤其是他自己负责了。

完全向他人展现真正的自己的确需要勇气,但需要在人前维持某种假象的人可以说是选择了另一种方向。然而,这样做的后果就是,他们永远不会因为做真正的自己而得到他人的喜爱,而与伴侣之间的感情也不免成了这种虚伪的牺牲品。

自由与自主:一个人的独立战争

许多男性对女性说谎的行为起源于一种原始的推动力,它让他们对女性产生了一种更加复杂和矛盾的情绪。他们希望与女性相恋、相伴,但依然希望保有自主权。这些矛盾的想法一遍遍地在他们内心激烈交战。他们需要说服自己不能在情感上依附于人,这让他们终生处于纠结之中,在让他们自我折磨的同时,也让他们的伴侣受尽煎熬。

而这场战争始于儿时。小男孩必须拒绝母亲的保护,并获得来自父亲的认可,才能确立自己的男性地位。男性的身份意味着他们必须自力更生、切断束缚，而不能再做"妈妈的乖宝宝"。但由于母亲是第一个给他们温暖与呵护的人，他们也渴望能够与母亲重建联系。这种渴望在恐惧和羞耻中逐渐得到了平衡。想成为男性，就要与母亲分离——进而需要与所有女性分离。

当男孩渐渐长大，他们开始进入一个极其混乱的时期——青春期。这是一段极度重视隐私、充满躁动的时期。他们开始产生强烈的边界意识和自我意识。许多男孩甚至开始对一切避而不谈：他们去过什么地方，和什么人在一起，准备去哪里，有怎样的想法和内心感受。

脱离父母的控制就是这种成人仪式的必经途径之一，其表现形式通常包括酗酒、夜不归宿或是用尽可能频繁的性征服来证明自己的男子气概。这些特征听起来很像本书中提到的那些说谎者会有的，不是吗？

最后，有些男性一路跌跌撞撞地摸索过了这段自命不凡的时期，最终能够真正与女性建立起健康、理性的关系。而另一些男性似乎永远都不清楚如何才能在确保不感到自身受控制的情况下从女性那里得到他们需要的真正的爱与呵护。对他们来说，这场青春期的战争一直延续到了他们成年以后。那时，他们开始将父母的影子投射到伴侣身上。

我们在第一章中提到的和护士凯西结婚的木匠戴维，是在一群小心翼翼地将他捧在手心里的女人中长大的。

> 他很小的时候，父亲就去世了。他是家里最小的孩子，也是唯一的男孩。他的姐姐们告诉我，他从小就特别受母亲宠爱。那时，孩子们都要自己打零工赚零花钱，但他小时候体弱多病，再加上易过敏的体质，连剪草坪这种活儿都没法干。他也不愿意从写作业的时间里分一点儿出去做汉堡。他得到的一切都是别人直接给他的。他一直被身边的这群女人照顾得无微不至，甚至有点儿被宠坏了，因为他不用承担任何责任。她们对他犯的错视而不见，即使他把生活搞得一团糟，她们也会立刻前来为他收拾残局。

女性一直扮演着戴维的安全保障的角色。和凯西结婚以后，戴维有一种认为她理应对自己付出的强烈期待，不过他可能根本没意识到这点。

他花钱大手大脚，我不断发现新的账单。我是家里的主要经济来源，我猜他可能希望他那些账单都会被"神奇地"付清吧。我去质问他时，他总是说："我不需要每次花钱都经过你的批准吧？我自己心里有数。"你看，他买的那些东西可能满足了他对地位的某种心理需求。他一直担心别人不喜欢他，其实他心里有些自卑。

凯西明白，戴维的这种疯狂的消费行为只能暂时让他觉得自己拥有自主权，没有成为他害怕成为的那种软弱的人。聪明能干的凯西扰乱了戴维内心世界的秩序。他们共同生活中的一切仿佛在时时刻刻提醒戴维，他是多么依赖女性的照顾。无论是在感情上还是经济上，戴维都离不开凯西，但他内心其实很看不起自己的这种行为，所以转而用大手大脚继而说谎来证明自己的男子气概。一旦谎言被揭穿，他就会立刻跳出来反驳——其实这是他反抗这种对女性的过度依赖的方式，正是它让他觉得自己不像个男人。

对怒火的恐惧

菲尔和海伦是一对近50岁但外形依旧非常养眼的夫妻。他们的孩子都已经成年，两个人现在却面临婚姻破裂的危机，是因为海伦发现了菲尔不为人知的爱好。

都是那台该死的电脑。他说他想买一台电脑来处理带回家的工作——这是他说的第一个谎。刚开始我没有察觉到任何异常，只觉得他花在"工作"上的时间太多了。直到一天晚上，我给他送咖啡时看到了他电脑屏幕上不堪入目的画面。尽管他快速点了几个按钮打算退出，但我还是看得清清楚楚，上面的内容简直令人作呕。他在和别人发露骨的色情信息，对方也在回复他。原来他一连花好几个钟头在这种聊天室里和别人聊天，可能还在自慰。被我发现后，他也觉得很尴尬，然后说，如果这让我很不舒服，他就再也不这样做了。

可事实上，菲尔并没有停止他的行为。一天凌晨两点左右，海伦从睡梦中醒来，却发现菲尔不在床上。果然，她最后在电脑旁找到了他。菲尔承认，他最近沉迷于色情聊天室，无法自拔。

我是很喜欢这个，但我又不是去电影院看那些成人电影了。她说得我好像变态一样，其实我是个很负责任的人。我总不能永远按照她的想法做事吧。

海伦和菲尔决定一起来见我时，他们已经因为色情聊天的问题进行了数月的拉锯战。海伦越是苦口婆心地劝阻菲尔，菲尔就越想待在聊天室。而且他每次都会用缓兵之计，先假装答应海伦，事后继续我行我素。

我受不了了，他太软弱了，一点儿自控力也没有。这跟出轨有什么区别？

菲尔的屡次欺骗让海伦怒不可遏，对他大加指责，结果却适得其反——海伦越不让他干什么，他就越要干什么。当海伦给菲尔贴上"软弱"的标签，并对他的行为表现出轻蔑的态度时，她的身份已经变成了一个挑剔的母亲，这只会让菲尔更加叛逆，以此证明他对自己的生活有自主权。

不被抓住就行

有趣的是，菲尔在青春期时与母亲的关系和他现在与妻子的关系之间有某些相似之处。

> 我成长在一个严肃的浸信会家庭——我们几乎每天都要去教堂。可以说，在我家里，我母亲是一个执法者。在我们16岁之前，她不允许我们出去跳舞和约会。所以你一定能想象，在我14岁那年，当我母亲在我床垫下发现了成人杂志《阁楼》时的情形。她当时脸色铁青，然后把我拽到牧师前忏悔，但这对我来说不亚于一种羞辱。到现在我还记得当时那个牧师让我背诵的《圣经》里那些关于"可憎之事"的段落。从那时起，我学到的最有用的方法就是微笑，假意顺从，然后别被抓住。那些杂志反而对我更重要了。所以，在那之后，我变得更小心谨慎了。

菲尔和母亲与牧师的这段经历极大地打击了他刚刚萌发的性意识，他只好压抑自己，把这种需求隐藏起来。当然，我并不是说这就是菲尔表现出如今说谎行为的唯一诱因，但这一定是其中之一。当海伦开始以飞扬跋扈、一味贬损的态度对他与性相关的行为进行批判的时候，她已经在无意间扮演了菲尔青春期时他母亲的角色——一个让他对其隐瞒一切、阳奉阴违的角色。

正如菲尔的原话所说：

> 我只想说，管他呢！这有什么大不了的？她只关心这个吗？这事反正对她也没什么伤害。我有娱乐的权利。

但菲尔所说的这种"娱乐"引起的争执已经伤害了他们夫妻间的感情。他们两人已经开始相互疏远，很少说话和交流，更别说有身体接触和正常的性生活了。菲尔的聊天在刚开始时或许确实没有害处，但随着他一步步沉迷其中，这种幻想逐步取代了现实世界，成了一段真正的婚姻关系的替代品。所以，现在的问题并不仅仅在于聊天本身，还包括菲尔内心对证明妻子不能限制他个人自由的需求。

他们就这样陷入了一个死循环：菲尔对海伦说谎，海伦戳穿他的谎言，继而愤怒地指责他，于是菲尔表面上做出让步，背地里却依然我行我素，继续向海伦说谎。

女性的愤怒

我告诉菲尔，他其实还有很多别的选择。比如，他可以就每天花在聊天室上的时间和海伦达成一个协议。他如果实在没有办法，也可以直接提出反对意见，而不应该欺骗海伦，偷偷做这件事。当然，我并不是说这就是最好的解决方式，但他对此事的态度才是至关重要的。

菲尔：我不可能那么做。
苏珊：为什么？
菲尔：你是没见过她生气的样子。
苏珊：我确实没见过——所以可以跟我讲讲吗？
菲尔：特别可怕。她的脸瞬间涨得通红，然后眼睛一眯……我也说不上来……反正她一生气，我就手足无措。
苏珊：你可以试着用这样的句式描述一下：当海伦生气的时候，我感觉……

菲尔：当海伦生气的时候，我感觉……特别无助——这是我能想到的最恰当的词。

很多男性，即使是那些已经功成名就、有权有势的——菲尔就是一家银行的副总裁——也会害怕女性的怒火，因为他们不确定这种愤怒会带来什么样的后果，比如，他们会担心的事包括：她会闹到多大？她会失控吗？她是不是不再爱我了？而最让男性感到害怕的是：她这么生气，是不是要离开我了？

菲尔既想维持现实里的婚姻关系，又想继续虚拟世界里的性爱游戏——但在他的认知里，海伦生气就意味着婚姻出现了危机。所以，他坚信说谎比任何和海伦硬碰硬的方式都好。

凯西也说戴维有过类似的反应：

他虽然一次次向我保证不再犯错，但依旧屡教不改。就在我的信用卡丢失后不久，他居然伪造我的签名去补办新卡。我气急了，大骂他是废物一个，说我要离开他。没想到他崩溃了，像只受了欺负的小狗一样。他本来不是轻易认输的人，但那天他整个人都不行了。他乞求我冷静下来，看起来是真被震撼了，而且极其害怕。

我告诉凯西，我曾经在很长一段时间里害怕男性的怒火，还会竭尽全力避免这种情况发生。但直到我成为一名治疗师，有机会进入男性的内心世界，我才意识到，原来男女都是如此。当我意识到男性对女性愤怒的恐惧是那么深，又是那么常用说谎而非解决问题来应对时，我就像发现了新大陆一样。

恐惧的根源

当然，有些女性生起气来的确很可怕，但很多女性很难表达愤怒，或者更愿意克制自己，当一个冷静、体贴的和平主义者，所以男性害怕女性生气似乎让人感到有些费解。

正如前文中提到的，这个问题可能部分源于男性与其他女性的关系，比如他们生命中的第一位女性——母亲，以及所有对其感受与信念的形成起到重大作用的女性。对被遗弃的恐惧、被拒绝和虐待的痛苦、过度保护或忽视是男性对待女性的很多态度的根源。但并非所有情况都是如此。还有一种原因——一种如果我们一味关注他们早期经历就会忽视的原因。

几千年来，在神话传说、民间故事和文学与艺术作品中，女性形象始终以两种原型出现——辛勤的哺育者，以及被激怒时具有摧毁力量的狂暴的复仇者。几乎每个男性在潜意识里都对女性持有这两种看法。一旦发生某类事件后，这种潜意识就会被立刻激活，男性便不再面向眼前的普通女性做出回应，而是在应付某种存在于他想象中、会给他的世界带去他绝不想引发的地震与闪电的夸张怒火。

菲尔和戴维并非个例。很多男性都曾告诉我，他们在面对愤怒的女性时都会感到弱小、无助和恐惧。但这些感受是大部分男性无法接受的，所以他们会将其压抑下去，另寻途径向自己证明他们并不害怕。他们也许会选择反抗，也许会选择顺从，但最令人惊讶的是，有太多男性相信，避免女性生气的最好的办法就是隐瞒那些他们知道会激怒或已经激怒了女性的事实，用说谎来逃避现实。

殊不知，这其中的矛盾在于，他们的本意是避免惹女性生气，可真相一旦暴露，反而会招致双倍的愤怒。他们的行为本身的确很糟糕，但最终招致令他们恐惧的怒火的，其实正是他们的不诚实。

对控制的需求

有时候，先发制人似乎是掌控局势的最好方式，可以控制男性对女性怒火的恐惧，以及他们既需要你又对这种需要产生抵触的矛盾心理。所以有些男性经常会赶在伴侣生气之前大发脾气，从而对伴侣生活中的诸多方面形成控制。他们认为，拥有力量和独立性的唯一方式就是从伴侣身上剥夺这些。说谎成了他们证明自己至高无上的家庭地位的一种手段。他们认为自己有权决定该谁说了算，伴侣应该知道什么，不该知道什么。

本的世界越是失控，他在家里就越是咄咄逼人。戴安表示：

> 我把自己的钱都存进了我们的共同账户里，用来和他一起还贷款，维持日常开销。不过本坚持说还款之类的事都由他负责，起初我觉得这不是什么大事，所以就随他去了。可有一天，就在我收拾衣服的时候，我无意中在他放袜子的抽屉里发现了一叠未付款的账单，其中还有两张过期的房屋贷款账单，可他明明信誓旦旦地告诉我他已经还过这两笔钱了。我去问他怎么回事的时候，他却先给我来了一段长篇大论，说我对生意上的事根本一窍不通，没有权利对他指手画脚，他来决定什么时候还哪笔钱，我管好自己的事就可以了。真是岂有此理。你还记得我之前说过他买地的事吧？他连地都没买下来，就先用我们的共同积蓄让建筑师设计图纸去了。我们花2万美元设计了一张根本毫无用处的图纸。

本试图维持一种比较奢侈的生活方式，但他的收入无法弥补他那些糟糕透顶的商业决策带来的损失。他还不愿承认自己的需求，不愿接受别人的帮助。相反，他还坚持自己掌握家里的财政大权，但其实戴安才是那个真正救火的人。

他没有把事情的真相告诉戴安，不想着和她一起解决问题，而是一边假装维持一种自信的姿态，一边却极力贬低自己的妻子。他通过向妻子隐瞒重要信息的手段达到掌控一切的目的，在一段时间里满足了自己这种荒唐的控制欲。

控制的阴暗面

我们前面提到过的那位法务秘书卡罗尔因为丈夫隐瞒了一段不光彩的过去，失去了一份非常好的工作。在他们婚姻生活初期，他急于证明该谁当家作主，而她不幸成了这种行为针对的目标。

> 我们在一起的第一年，他从来不喝酒。他对我发过誓，说他早就戒酒了。一天晚上，他曾经一起嗑过药的狐朋狗友来找他玩，他们在外面喝得大醉，他直到凌晨三点钟才回来。我告诉他，我对他说谎感到非常生气，而且在家都快急疯了，他应该提前给我打个电话。没想到他却直勾勾盯着我的眼睛，说："我没有义务告诉你任何事。"

对肯来说，获得控制力的方式不仅仅是欺骗他的妻子，还包括侮辱和贬低她。这样他就能像大猩猩一样捶着胸口告诉自己，他是一个真正的男人。

但没过多久，他的行为就不仅停留在语言上了。

> 他变得和之前判若两人。当我去质疑他那些谎言，包括酗酒和毒品的时候，他变得非常可怕。他会对我大喊大叫，骂我是愚蠢的贱货。如果我幸运的话，他只是这样乱发一通脾气就算了，可碰上

不好的时候，他就会摔门、扔东西，甚至对我推推搡搡。我发誓说我要离开他，可每当我开始准备这样做时，他就会变得惊慌失措。他开始向我道歉，说他是多么对不起我，又说他是多么高兴我怀了他的孩子。他向我郑重承诺，以后一定会尊重我。有时他还会哭着说没有我他根本活不下去，他甚至拿着《圣经》向我起誓说他一定会戒酒，再也不和那些狐朋狗友有任何来往，也绝不会再对我动手。我选择了相信他。

孩子出生后，我辞掉了工作，这样一来，我在经济上只能彻底地依赖他了。他在养家方面还是做得不错的，工作稳定，还尽心尽力地照顾我们母子。于是我们和好了，重新开始做爱，一段时间内，一切仿佛都变好了。那段时间，我们都很默契地对之前的事情闭口不谈，我想，只要没被打，我就不算受到虐待。于是我只想着如何做个好妻子，让他开心，这样他就会对我更好。

可以清晰地看出，肯通过对卡罗尔身心的双重虐待控制了她。他让卡罗尔变得孤立无助，一击即溃，从此将她牢牢地绑在他的身边。他容忍不了卡罗尔离开他，但也不愿承认他对卡罗尔的这种病态的依赖。当他在谎言中加入了恐吓和威胁的成分，他便产生了一种拥有权力和掌控一切的幻觉。他一旦觉得自己做得有点儿过火，就会用道歉和承诺来安抚卡罗尔。但和所有那些喜欢虐待与控制他人的男性一样，这种道歉不过是没有任何实际意义的安慰，而那些所谓的承诺和对爱的誓言也不过是谎言罢了。

错综复杂的迷网

我生活在洛杉矶，那里的路面看起来非常坚实，但路面下真正的地表却布满裂痕，就像被手掌用力挤压过的蛋壳一样。当断层带上出现压力时，地震就会发生。经常说谎的人的内心深处其实也是如此。他们在表面上看起来也许是很可靠的人，内心却有着许多外人看不到的弱点和恐惧。一旦被某些事刺激到，他们的内心便会经历一场浩劫，而他们却选择用说谎来平息这一切，因为他们害怕说出真相会引起轩然大波。

对一个靠谎言生活的男性而言，说谎可以让现状维持下去，哪怕只是一小会儿，因为他认为说谎会阻止你发现可能导致这段关系终结的真相。不管他做什么，不管这件事情对你来说影响有多糟，都不要忘记：你的离开是他最不想看到的。

有时，这种与你保持联系的深层需求，可能正是修复一段因谎言而伤痕累累的关系的催化剂。这就是为什么这些说谎者与那些危险的、具有破坏性的反社会型人格者不同——因为那些人无法与你建立真正的联系，他们的目的只是欺骗和掠夺你。

第四章 反社会型人格

一只青蛙准备过河。就在他要跳进水里时，一只蝎子爬了过来。蝎子请求青蛙带他一程，因为他不会游泳。

"不行！"青蛙拒绝了他，"我知道让你骑到我背上会有什么后果。我们一过河，我对你就没有利用价值了，到时候你肯定会刺死我。"

"我向你保证，我绝不会这么做。"蝎子信誓旦旦地说，"我是真需要到河对岸去，如果你帮了我，我一定会感激你的。"

虽然有些担心，但听了蝎子的话，青蛙还是答应了他，载他过了河。可他们一到岸边，蝎子就将尾刺深深地扎入青蛙的身体，释放出了毒液。奄奄一息的青蛙绝望地看着蝎子，用尽最后的力气问道："你为什么要这么做？"

"因为，"蝎子平静地回答，"这就是我的天性。"

本章我们要讨论的就是蝎子这样的人。他们的"天性"就是不断无耻地说谎。他们不仅对自己的伴侣说谎，还会对所有人说谎。他们不断背叛妻子的信赖，骗取情人的爱。欺骗一直爱并相信着他们的女人，成了最令他们激动的事。他们也从未替自己谎言的受害者考虑过分毫。你如果见到本章介绍的这类说谎者，请立刻远离他们。因为这是一群真正的反社会型人格者。

也许你听说过这个词，它很容易让人联想到一些高智商罪犯、家暴成性者甚至是杀人犯。当然了，这些人里的确有不少反社会型人格者，但也有一些反社会型人格者伪装成了看似完全正常的男性——也许就是那些在各个社交圈中来回穿梭的、有可能成为你的伴侣的男人。但不幸的是，极少有女性真正知道反社会型人格到底是什么样的，这些人究竟想要什么，以及他们是如何成功的。

与其他说谎者不同的是，反社会型人格者是习惯性、一再地对他们的过去、现在以及未来说谎的。因为说谎对他们来说更像是一种戒不掉的毒瘾，是对神经最强烈的刺激，所以就算真相的意义远胜谎言，他们依旧会选择说谎。即使谎言被戳穿，他们还是会不断地说谎。如果说他们真的有过一丝类似悔恨的感情，那一定是他们在真相大白之时的不甘。他们说谎的原因就是对说谎这种行为本身的喜爱。他们喜欢欺骗他人，这样能让他们觉得自己才是最聪明的，而所有掉进陷阱的人都是笨蛋。"有本事抓住我啊"是他们一贯的心态。

他们可能出现在你的生活里

此时此刻，你也许很好奇我为什么要单拿出一个章节来介绍这类说谎者。也许你觉得你足够聪明、有观察力，所以肯定不会被花言巧语或虚假外表蒙骗。你素来小心谨慎，不会轻易上当，他们怎么可能盯上你呢？而且，我们不是很容易发现并及时躲开这类极端的反社会型人格者吗？再说了，他们毕竟是极少数人，不是吗？

我希望我能用斩钉截铁的"是"来回答后两个问题，但现实告诉我，我不能。我也希望这种"捕猎者"来自某种极易识别的群体或地方，这样我只需列举注意事项就可以有效地保护你了。但与你想象中不一样的是，这群人往往不是社会的渣滓，反而广泛潜藏在医生、律师、教师、牧师、企业高管以及水管工、销售员或公共汽车司机的群体里。

我当然也希望这类人能少之又少，但我已经为女性权益奔走呼号了超过 20 年，在此可以大胆地说一句，无数女性都会在人生中的某个时期遇到这类人。不管他们的关系能否维持长久，总有些人会落入这种人的陷阱，其中不乏那些聪明优雅、成功自信、掌握着心理学常识的女性。永远不要忘记的一点是，反社会型人格者拥有一种独一无二的共性：让受到他们剥削的女性死心塌地地追随他们，不计回报地付出。

反社会型人格的特征

我将这类男性的行为特征罗列如下，以给你清晰的认知。令人震惊的是，每一个反社会型人格者都具有以下大部分甚至全部行为特征：

- 能言善辩，且话术具有极大的煽动性
- 个性冲动，不安于现状，易对事物失去兴趣，需要不断刺激
- 擅长通过展现爱意与奉献来获取自己想要的东西
- 缺乏负罪感和焦虑感
- 谎言被揭穿时，可以立刻做出看似诚挚的忏悔和保证
- 会信誓旦旦地提出一些回报丰厚的商业计划，以获得高额的"启动资金"
- 毫无良知可言
- 对自己的过去含糊不清，表述前后矛盾
- 无法吸取经验和教训
- 总将自己的失败归咎于他人
- 总是不断欺骗伴侣，难以取信于人
- 要求伴侣无条件地支持和理解自己，面对质疑时总会转而攻击伴侣不信任和不爱自己

如果只看这份清单的前六条，你也许会觉得这样的男性颇具吸引力——甚至称得上极具魅力——直到他的黑暗面开始逐渐显露。他能言善辩，总有甜言蜜语；他追求刺激，喜欢攀岩、滑雪、赛车或高风险投

资;他懂得如何表达爱,说出的情话能让你心跳加速;他似乎可以为你全心付出,只为博你一笑。他冷静从容,老实可靠,而且对自己很有信心——从不焦虑,从不内疚。他如果真犯了错误,会立刻向你真诚道歉,并给出合你心意的保证。

可让人感到有问题的,往往是那些表面上不曾被人注意的小细节。正是对刺激的热爱让他变得如此有趣,让他比你见过的那些乏味、平庸的男人显得更有活力,可这反过来也揭示了他本性冲动、做事不经思考的事实。他那些看似靠谱的商业计划最终都宣告流产,而他总把自己的失败归咎于他人,于是下一次重蹈覆辙。他冷酷无情,毫无悔意,会忽然对你冷若冰霜。当有一天你发现了他曾经的那些风流韵事和从未对你说过的经历,当你发现你们之间的一切不过是一场骗局时,他却会指责你,说都是因为你没能支持他。

如果你现在已经对你身边的人起了怀疑,或者曾经处在这样一段关系当中,那么本章极有可能唤醒你内心深处的痛苦、愤怒或自责等负面情绪,让你难以阅读。但我依然希望你可以鼓起勇气,进行深入的自我挖掘,直面正在或曾经发生在你身上的事。你只有彻底了解反社会型人格,才能彻底避免日后落入这类人的陷阱。真相无论有多么残酷,永远都是你最忠诚的朋友。本章将为你警钟长鸣。

没有心的男人

疾病有很多种,既有身体上的,也有心理上的,而反社会型人格是道德上的。他们虽然人格存在缺失,但就像我们之前说过的那样,却可能成为你遇到过的最好、最浪漫的情人。尽管他们魅力十足、充满激情,但他们却不具备爱人的能力。除了取悦自己,他们似乎对其他任何人与事都毫不在乎。他们说谎也是为了刺激。在他们眼里,你并不是一个独立的个体,而是一件物品,是他们达成目标的工具。

这些听起来是不是让人有些后背发凉?希望你能意识到这点。和这样的人相处时,你觉得他在向你示爱,但其实你正在和魔鬼交往。我的朋友戴安娜,一个聪明漂亮、慷慨大方的女性,就不幸爱上了这样一个男性,差点因此失去了自己舒适、稳定的生活。

求爱高手

戴安娜是加州一家大型公关公司的员工。离异后,她独自带着4个十几岁的孩子生活,就在她50岁出头的时候,朋友们将一个名叫汉克的男性介绍给了她。

我们见了几次,在一起的感觉特别好。期待下次见面的感觉真的很快乐,我就没有问他太多问题,也不知道他到底是做什么工作的,只知道好像是在做一些投资。他开着一辆新车,看起来从不缺钱。

就在我们开始约会的一个月后,我去医院做足部手术。手术完成后,我一个人落寞地回到了家里。恰好在这时,他打电话来问我的情况。我告诉他我其实有些累了,心情也很低落。没想到他立刻就问能不能到我家里来,他想让我开心起来。听到他的话,我感到受宠若惊,原来真的有人在乎我、关心我。看到他走进我房间的一刹那,我的心怦怦直跳。他走到我的床边,轻轻地握着我的手,深情地对我说,他想用一生的时间好好地照顾我——我怎么能孤苦伶仃地在这么大的房子里抚养孩子呢?内心深处有个声音一直在对我说,一切似乎进展得太快了,可那时候,我已经听不进任何忠告了。我深深地被这个男人吸引,不会让任何东西阻止我获得幸福。

诱惑和欺骗是反社会型人格的两大特征。受害者一旦上钩，便会进入一段充满强烈、令人无法抗拒的激情与性兴奋的时光——而这时的感受和一段真正健康的关系带给我们的完全一致。当然，如果事情进展得太快，我们都会怀疑是不是哪里不太对劲。但戴安娜只是感到了些许不安，她根本不知道汉克甜蜜的情话背后实则暗藏危机。

另有所图

汉克这种男性是攻陷被他们选作目标的女性的绝对高手。他们的攻势那么猛烈，很容易就能让沉沦其中的女性心甘情愿地将仅存的不安和疑虑抛诸脑后。

很多案例表明，这类男性很容易发现目标的弱点——通常是女性的情感需求。只要发现一道裂痕，他们就能乘虚而入。比如，戴安娜刚刚走出一段失败的婚姻，带着4个半大的孩子独自生活，这时她当然希望能再去爱一个人，并有人来爱她、关心她。再加上她刚刚做了手术，腿脚不便，因此她变得格外脆弱。汉克注意到了这一切，并很快开始付诸行动。

> 他开始经常在我家留宿。他说我们两个人分居两处实在是不划算，所以我让他搬了进来。他开始询问我都投资了哪些项目，具体的回报如何。我本来在让一家相对保守的投资公司帮我理财，因为这样我比较放心。但汉克却告诉我，他曾经帮客户在一年之内将收入翻了一番，所以他一定也可以帮他爱的女人赚到更多钱。在这之后，我发现他每天都早早起床研究投资市场，经常在电脑前一坐就是几个小时。他不断告诉我，他又给他的客户赚了多少钱。渐渐地，我开始有些动摇，最后终于把相关事务都交给他去打理。我不仅拥有了甜蜜的爱情，还会有更多面包。

可接下来的 6 个月里，戴安娜每次问汉克投资的事情时，总是换来他一句模棱两可的"一切都没问题"。终于有一天，戴安娜发现自己的金库里早已空无一物，而汉克也不见踪影。慌乱中，她只好打电话给自己的理财公司，却被告知他们没有任何以她的名字开户的记录。戴安娜的全部积蓄，17.5 万美元，就这样随着汉克一起蒸发了。

汉克就是典型的反社会型人格者，他们抛在身后的永远是无尽的悲伤、痛苦、欺骗和债务。不管他们想要什么，他们都会想方设法弄到手。当他们的猎物产生怀疑，或是他们已经获得想要的东西后，他们会迅速地全身而退。

警察找到汉克时，他已经和另一个女人同居了。一段时间后，戴安娜得以追回部分钱款，因为汉克的这位新欢，也就是下一个受害者——一个有钱的寡妇替汉克出了些钱。但对戴安娜来说，要想从这段痛苦的经历中走出来，还需要很长时间。无论是重塑信心，还是找回尊严，都不是件容易的事。她只能捧着这颗受伤的心在不断的自我怀疑中踽踽独行。

堪称影帝

和其他反社会型人格者一样，汉克看起来非常优秀，是因为他恰好符合受害者期待中的模样。他们看起来总是极具魅力，是因为他们把全部精力都花在营造一种亲密的假象上了。一般人在追求感情时，心中会产生各种各样的问题，跨度可能从"我跟他/她合适吗"到"我的发型好看吗"，但这类人却不会如此。他们只关心一个问题，那就是"我给人留下的印象如何"。他们在意的从来都不是怎样建立真正的感情，于是他们会根据你的反馈做出调整，真正为你量身定制一个虚幻的完美情人。必要时，他们甚至会在与前后两个猎物的关系中表现为截然相反的样子。

我的客户劳丽向我描述了一个在两种角色中自如切换的男性。劳丽是一名 38 岁的雕塑家，同时也在授课。来见我时，她刚刚和 39 岁的婚姻家庭咨询师迈克尔交往了一年半。

> 我们刚开始约会时，他还没有离婚，但他告诉我，他已经准备去申请了，唯一的障碍是他 7 岁的儿子。我一直觉得他是个非常优秀的男人，虽然还有一些问题存在，但等他解决问题以后，我们就可以正大光明地在一起了。他给了我很多东西，因为我渴望的就是对方对我好，所以他抓准了这一点展开攻势。他会假意对我表示关心，还会时不时地职业病发作，从咨询师的角度安慰和开导我。他会穿一件随意的针织开衫，一条宽松的灯芯绒裤子，让我对他讲讲自己的感受和问题。当我说起小时候的一些不幸经历时，他总会温柔地说一些鼓励的话，比如"这对你来说太残忍了"，或是"你一定很伤心吧"，诸如此类。这些话是那么有效，也让我对他感到依赖。

一个情感细腻、体贴入微的男性能够仔细聆听你的过去，并对你的遭遇感同身受，这听起来不是很棒吗？迈克尔甚至连穿着打扮这样的细节都考虑到了。所以这种情况到底有什么问题？当然有，因为真正的问题是，迈克尔只是在扮演一个让劳丽陷入混乱生活和毁灭性关系的角色，一个和迈克尔真实性格没有任何关系的角色。和这种人相处，你看到的不过是一场表演而已。

以混乱为乐

在这短短的一年半时间里，迈克尔身上出现的问题越来越多，一度让劳丽怀疑自己是不是要被逼疯。

　　一直以来,我始终把对他谎言的容忍看作我们这段关系中的积极因素。他总说他是多么爱我,我们在一起后会有多么美好的生活,还不断向我抱怨他的妻子简直就是一个恶魔。可转眼他又会说:"我在你身上看不到未来——你不适合结婚。"然后他就这么搬出去,回到他妻子身边去了。但刚过两个月,他又给我打电话,说没有我他活不下去,他错了,现在他跟他妻子卡伦也彻底完了,所以想问问我他还能不能回来。听他这么说,我当然同意了。我们在一起的那段时间里,这种事反反复复,从未停止过。每当我以为我们真能好好在一起时,他总能找到我们不合适的理由,再回到他妻子那里。渐渐地,两个月热度成了我们之间的常态。两个月在卡伦那儿,两个月又在我这儿。我感觉他就像个悠悠球——摆过来,摆过去,我想要你,又不想要你。可我真的很喜欢被他需要的那种感觉。

每当风平浪静的时候,迈克尔就会制造出一些风波。他在自己的妻子和情人两边来回摇摆,举棋不定,骗了这个又骗那个,把两个女性都拖入了泥潭当中,可他根本不在乎自己的行为给她们带去的影响。

反社会型人格者无法忍受平静、安稳的生活状态,他们会尽一切可能打破平衡。他们游走在悬崖边缘,以混乱和危险为乐。他们从不停歇,总是用欺骗和谎言豢养内心对刺激感的不灭贪欲。

　　他从来不告诉我他在什么地方,和谁在一起。一天晚上,他要出去喝杯咖啡,我说我在家就可以煮,他却改口说他其实是想出去透透气。他一走就是两个小时。我问他到底干什么去了,他说他只是去散了会儿步,然后又说:"不过你真的想知道的话,我可以告诉你。我去见了一个患者。她最近状况不好,需要一些额外的关注。"

几周后,在向自己的丈夫坦白一切后,那名患者把迈克尔的所作所为都上报给了咨询师资质委员会——原来迈克尔所谓的"额外关注"还包括哄骗她上床,他说这样才可以缓解她内心的失落。就在委员会对迈克尔展开调查后不久,又有几名女性相继站了出来。结果表明,迈克尔和许多患者都发生过关系。我问他这到底是不是真的,他却厚颜无耻地说:"是真的,但这确确实实对她们有帮助,我只是没想到她们竟然会过河拆桥。"他还很肯定地说,他只要出面去谈谈,就能解决这件事。但就算委员会吊销了他的执照,因为他妻子卡伦很有钱,他完全可以自行建立某种"独立于认证体系外"的咨询中心。我忍不住指责他,说都是他把事情搞得一团糟时,他发火了,夺门而出。

迈克尔让两个女性深陷泥淖还不够,还把那些前来向其寻求帮助的女性也拉进了混乱的男女关系当中。他为此断送了自己的职业生涯,却根本不在意。他刚骗完一个女人,就会有下一个女人来替他收拾烂摊子。他对那些不幸出现在他生活中的人极端冷酷无情,搅乱她们平静的生活,让事情混乱到极点。当劳丽终于忍无可忍,鼓起勇气去质问他时,他撕下充满魅力的伪装,表现出了反社会型人格者能感受到的少数几种情绪之一——愤怒。劳丽怎敢不事事顺着他,怎敢把这些责任都算到他头上?

性反社会者

汉克是那种典型的一边将女性迷得神魂颠倒,一边利用她们牟取金钱的骗子。而迈克尔是个在工作和生活方面都具有破坏性和欺骗性的人。不过，也有一些反社会型人格者在工作方面认真负责、成绩斐然，在个人生活方面却极其冷血。他们心里好像有一条明确的分界线，让他们的理智保持绝对的冷静与平稳，情感生活却是一团乱麻。

如果你的伴侣经常麻烦不断，甚至触犯法律、吸毒，或者频繁跳槽、债务累累，你当然很容易看出他有很严重的问题。可如果这是一个工作能力突出，看起来对家庭也尽职尽责，犯过的最大错误不过是偶然超速驾驶——但依然背着你和多个女人暧昧不清的男人呢？

"你要写新书？采访我一个人就够了。"露丝一边说，一边跟我走进了办公室。她是个漂亮的金发女人，是我们共同的朋友介绍来的，今年47岁，是一位成功的娱乐行业律师，此前嫁给了律所的合伙人，另一位备受尊敬的律师克雷格。克雷格结过两次婚，但露丝坚信自己才是唯一能带给他快乐的女人。他们生活在一幢漂亮的房子里，有两个可爱的孩子，一起出入各种社交场合，还经常一起发表演讲、开研讨会，是外人眼中的天作之合。他们本可以一直这样下去，可惜不久前，露丝发现了克雷格完全不为人知的另一面生活，那甚至能让著名的花花公子卡萨诺瓦自愧不如。

我想再给这段婚姻最后一次机会，我想知道我已经尽力了。

露丝说着，不禁潸然泪下。

事情都源于我在信箱里发现的蒂凡尼寄来的一封信。信上感谢克雷格为"他的妻子"订购了一条价值2000美元的项链。克雷格先是矢口否认，一口咬定是蒂凡尼搞错了订单。我跟他说，只要给商店打个电话就知道了，结果他脸色发白，对我说："我们谈谈，好吗？"从他的语气里我就知道，一定出了什么坏事。很快他就承认,他和一个同事的妻子桑迪有染已经两年了,但现在这段关系已经结束了,那条项链就是分手礼物,是专门为了平息桑迪对分手的怒火而买的。

当时我以为我会当场心脏病发作。我的第一反应就是让他赶紧从我眼前消失,但我转念一想,没什么大不了的,露丝,不能因为这一件事就将他全盘否定。世界上遇到丈夫出轨的女人多得是,我俩可以努力解决这件事。而且他已经答应和我一起去见咨询师了,他还发誓说他只爱我一个人,恳请我不要离开他。

其实故事到这里就已经够糟糕的了,但令我万万没想到的是,就在和露丝谈话的最后,我了解到克雷格曾向他的秘书吹嘘,他在前两段婚姻中和"至少25个女人"出过轨。在和桑迪打得火热的同时,他还和他的秘书,也是他们办公室里的一名律师助理暧昧不清。他还利用这位秘书对他的迷恋,让她帮他打掩护。他对每个女人许诺,说要跟她们结婚。但也正是这位秘书将克雷格的勾当告诉了露丝。这一次,克雷格不但没有否认,还承认他跟桑迪并没有结束,他仍然在和她见面。这样的人真令人大开眼界。

有时,这种"性反社会者"是最让人头疼的一类人。他们并非生活在社会的边缘,而恰恰活跃在社会的中心。他们在某些方面非常优秀,却在亲密关系中表现得极其残酷无情。说谎成瘾是性反社会者行为习惯的核心,但也可能是他们唯一失常的地方。所以从某种意义上说,他们可以被叫作"部分反社会者"——因为他们生活中的其他部分似乎都处于相对稳定的状态。但是,欺骗他人会让他们上瘾,让他们体会到做违禁之事时的那种兴奋和刺激。他们编织谎言的无形巨网的行为虽然风险巨大,却满足了他们追求危险和混乱的扭曲心理,而且他们清楚,他们并不会因此被逮捕。所以我们很容易看出,这类人想要的根本不是什么亲密、忠诚的关系,而是对他人的欺骗和操纵。

我们曾在第二章中提到的一位教师诺拉，自从发现自己的丈夫艾伦和那个所谓的"CG"有染后，就一直生活在难堪的折磨之中，直到发现这个男人竟然还有其他情人，这才彻底清醒过来。她早该明白，艾伦从未将他生活中的女人当作一个个鲜活的生命来看待，她们仅仅是帮他泄欲的工具：

> 就像人们看到路上有10美元就会立刻捡起来一样，他只要看到漂亮女人，就忍不住要哄骗她上床。对他来说，这是一件条件反射般的事。他控制不住自己。

在对丈夫的这种欺骗行为进行了仔细分析后，诺拉还得出了几个很有趣的结论：

> 我甚至觉得，他就是想让我发现。如果不是这样，他完全可以更小心，但他却留下了许多破绽给我。他的心理对我来说就是一个谜。我觉得他在用这种方式惩罚我，就因为我不像他那些情人那样性感迷人。这可真是报复我的好方法。

诺拉可能是对的。我们也许永远也无法知晓真正驱使一个人滥交的动机，但在他们冷血、薄情的背后，似乎存在着愤怒和报复的因素。但无论如何，这种行为都是对女性的物化和背叛。发现真相对她们来说是极其残忍的事，然而她们总会发现的。

他是怎么变成这样的

我们需要理解我们所生活的这个世界。对那些已经在悬崖边缘摇摇欲坠、被丧失人类基本情感的男性折磨的女性来说，这种需求尤为迫切。当然，对戴安娜和劳丽这样刚刚从这种关系中解脱的女性来说，这种需求同样迫切。

人们往往只想到一个简单易懂、合乎逻辑的答案。但事实是，人类的行为很难用一种简单的说法去解读。正如我之前提到的，无论是符合逻辑的解释还是某种因果联系，在很多情况下都不够明确，所以我们需要牢牢记住这一点——人的性格是由多种力量塑造的。过时的弗洛伊德理论曾试图将人类的各种行为，无论多么病态，统统归结为父母和家庭环境的作用，但这种理论已经被另一个更加全面和现实的观点所取代。这种观点考虑到的不仅是每个个体特定的成长环境，还包括其独特的遗传基因以及思维方式。两方因素共同作用，才真正导致了反社会型人格的形成。

反社会型人格者的内心世界似乎与我们的有很大不同。他们的内心就像一块千疮百孔的瑞士奶酪，大大小小的洞遍布其间，不知为什么，偏偏缺乏我们所说的"良知"。也许在成长过程中父母的缺位或虐待，让他们无法与这些最亲的人保持亲密的关系。也许他们被过度溺爱，惯于任性妄为，从不计后果。也许他们一向难以忍受挫折。这些因素中的任何一个都可能是他们在成年后保有反社会型人格的罪魁祸首。但我们同样需要考虑神经化学、遗传基因以及气质倾向等其他因素，也许这些领域最终会出现一些有力的研究成果，为形成这些反常行为的真正原因提供线索。换句话说，他们可能天性如此。究竟是外界环境触发了他们基因中的某些东西，还是基因突变让他们意外拥有了父母不具备的性格？很可能就是环境和基因的某种不幸的结合，导致了反社会型人格的形成。

对反社会型人格的浪漫化

我们很难透过反社会型人格者表面上的迷人魅力和十足自信看到他们的本质，部分原因在于我们的文化中一直存在着对反社会型人格进行浪漫化的现象。电影和书籍中充斥着各种各样或真实或虚构的关于"迷人的骗子"的故事。他们常常被刻画为本性善良可亲，却因为身世不幸、遭遇凄惨或社会冷漠才误入歧途的形象。然而，他们不负责任的行为导致的可怕后果却常常被这种浪漫的光环掩盖。

刚认识她那位具有反社会型人格的男友迈克尔时，劳丽认为他是一个非常优秀的男性，也是一个可怕的原生家庭的受害者——他的家庭充斥着不可告人的秘密和谎言。

> 他姐姐告诉过我，她和迈克尔的另一个姐姐都曾遭到祖父的猥亵，而且她怀疑迈克尔也曾遭其毒手。此外，他们的一个叔叔和自己亲生女儿的关系也不正常。他们家中的每一个人都清楚这无疑是乱伦，但从没有人站出来做些什么。而且，他们家里的人不是酗酒就是吸毒，要么就是家暴。从这种家庭中走出来的人怎么可能有健康的心理呢？但我依然觉得他有一颗善良的心——他毕竟是一名治疗师，看起来理性极了。就算他有时不好相处，但谁又忍心责怪他呢？

迈克尔的家庭赋予了这个已经被用滥的词——"不正常"新的含义。在这样病态的家庭中长大的人难免会出现各种各样的问题，但为什么出自同一个家庭，有些人虽然有心理问题，但依然是个负责任、懂担当的成年人，而迈克尔就变成了一个说谎成性且毫无道德底线的性瘾患者呢？也许迈克尔的确遭受了诸多不幸，但尽管劳丽坚持对他的行为进行浪漫化的解读，这些都不足以证明他的所作所为是正当的。

他会变好吗

"如果他早点儿得到帮助就好了。"一个反社会型人格者的伴侣伤感地说。

我很同情她,但我只能将她这种天真的愿望彻底击碎,于是我说:"根本没用。"

与已有许多有效治疗方式的神经官能症或精神病不同,反社会型人格是一种诊断方式完全不同的疾病,一种人格与性格出现明显异常的障碍。这类人的性格缺陷早已深入骨髓,所以目前常见的干预方式收效甚微。

传统的治疗手段对这类疾病几乎无效,因为他们自身内部缺乏能让心理治疗起效的重要因素:

- 他们感受不到可以促进普通人改变的痛苦。
- 他们不认为自己的行为是错误的。
- 他们无法控制自己的情绪。
- 他们没有道德底线,因此不会对自己的错误行为产生愧疚感和羞耻感。
- 他们自认为比谁都聪明。
- 只有受到法院的强制措施或为了安抚自己尚未打算抛弃的伴侣时,他们才会到医院接受治疗,但往往难以坚持这种治疗。
- 他们不会说真话,并经常能成功骗过治疗师。

当一个反社会型人格者走投无路,只能去见治疗师时(这种情况非常罕见),他们会想方设法让自己的伴侣和治疗师相信,他们已经知错了。

诺拉紧紧抓住最后一根稻草,认为治疗师说不定可以帮助他们挽救这段岌岌可危的婚姻,尽管我对此并不感到乐观。她告诉艾伦说,只要他来见我,她就再给他一次机会——否则,她就直接去见离婚律师。到我这里后,艾伦全程都表现得很不错,但他看起来像一个偷了糖果的小男孩,而不是一个曾经让人伤透了心的男人。我想试着问问他,他是否知道自己的行为造成了严重的后果,结果有了如下对话:

苏珊:你知道你给妻子带去了怎样的感受吗?

艾伦:哦,当然。我伤害了这个世界上对我最重要的人。所以我只求她能再给我一次机会,我会做出改变的。我不是坏人——真的。那些女人都不是我的真爱。

苏珊:那你需要做出哪些改变呢?

艾伦:嗯,这很明显,我得管住自己的下半身,要有点儿意志力。

诺拉:你怎么保证一定会做到这些?你已经做过太多承诺了,但没有一个兑现的。

艾伦:就再给我一次机会吧,这次我一定会加倍努力,虽然需要花一些时间,但我一定说到做到。亲爱的,你必须相信我,我从来没想过要伤害这段婚姻。

苏珊:有大量结果表明,现在有些新药在抑制性冲动方面效果显著。

艾伦:我绝不会考虑用药。我以为我到这儿是来聊一聊怎么挽救婚姻的,我一直觉得出现问题就应该多交流交流。我平时行程安排得非常满,很难经常来做这个。不过,嘿,我以后一定会在这方面竭尽全力的。

艾伦其实没有丝毫悔改之意。他甚至在向妻子乞求宽容和谅解时挤出了几滴眼泪,但这一切不过是他的缓兵之计罢了。他不愿对自己的行为承担任何责任,甚至称得上毫不在乎。当他不得不承诺自己会接受帮助时，他采取了逃避的态度。

反社会型人格者不懂得吸取经验和教训。他们认为就算失去了一段感情，总会有另一段在前方等着他们。什么也不能阻止他们再次肆意妄为。

就在这次谈话结束3个星期之后，诺拉终于伤心地告诉我，她已经申办离婚手续了。

> 有那么一段时间，他好像真的有所改变，我以为希望出现了。可就在两天前，他竟然和别人一起去过周末了，这次他甚至连谎都懒得撒了！

任何认为可以与反社会型人格者建立起亲密关系的人，不是无知，就是在说谎。当然，最有可能说这种话的就是反社会型人格者自己。可悲的是，哪怕诺拉当初找的是一个瘾君子，结局可能都比现在要好——至少他们中的有些人还愿意接受帮助。

自我救赎

无论什么样的女性，最终都会在某一刻醒悟，意识到必须与这样的反社会型人格者一刀两断。有时候这一刻来得非常快，可能仅仅是因为一件引发最终危机的小事，比如发现自己的账户被莫名清空，收到丧失抵押品赎回权的通知——当初那个男人明明发誓说会负责定期还款，对方做出承诺后再次出轨，或是发现存在违法行为。

本章的目的并不是教你修复一段破损的关系，而是挽救那个唯一值得挽救的人——你自己。本章开始我就说过，有一种男人，你遇到后就必须立刻离开，现在你已经知道为什么了。我们难免会对过去发生的事情的本质后知后觉，并不由自主地陷入深深的自责和羞愧中，但这些都是非常正常的情绪。在本书的第二部分，我会帮你收拾残局，为你搭起一座通往深渊对岸的心桥，直至陪你走出这段痛苦的往事。

第五章 受害者对自己说的谎

当你的爱人是个说谎者时，其实你跟他有很多相似之处——你们都在欺骗你。

我们很容易理解，当一段关系中的真相和信任开始消失时，女性为什么容易用谎言来麻痹自己。毕竟，谁都不愿意面对爱人说谎这种残酷的事实。令人惊奇的是，为了逃避痛苦，很多人都会采取和对方一样的方式来自保。他会用否认的方式对你隐瞒真相，而你也在用同样的方式对自己隐瞒真相。当他的谎言被拆穿时，他会为自己找理由，其实你又何尝不是呢？

通过对自己说谎，你在纵容对方谎言的路上扮演了一个微妙而关键的角色。你可能认为自己的角色很被动——毕竟，你是被骗的一方，而非骗人的一方。但在诸如爱、信任、拯救关系等看似美好的名义背后，你却无声地释放出了一种信号，让对方知道自己可以继续说谎。你表现出的就是睁一只眼闭一只眼的样子。这很容易做到。就像很多非常优秀的男性其实是骗术大师一样，很多聪明的女性也是对事实视而不见的高手。在这一章中，我将点明女性群体中盛行的那些会助长男性行骗的做法。准备好迎接现实吧。

否认：盲目信仰

很多人都明白，否认是一种掩耳盗铃式的自我欺骗方法，为的是逃避可能非常可怕的真相。我们经常会故意忽略明显的证据、歪曲可能的事实，甚至想方设法屏蔽从自己心底发出的所有警告。

我们一直抱着对这个男人以及这段感情的错误假设死死不放，不愿根据新信息改变原有的观念。我们之所以会相信，是因为我们想相信。我们决定相信，他们一定不会（选择下列中的任何一个）有财务问题、酗酒、赌博、出轨或是对我们隐瞒什么事。所有能够证伪这一信念的迹象都会被自动忽略，因为那不是我们热切期盼的现实。因此，横亘在谎言和觉醒之间的第一道阻碍就是这种莫名其妙的信念："这件事不会发生，是因为它不会发生在我身上。"

自我欺骗 1：他永远不会骗我

很多女性认为，自己正处于一段亲密关系当中，所以必然非常了解自己的伴侣。她们确信，对方不会说谎——或者根本不屑说谎。可如果你问她们为什么如此肯定，她们也许会告诉你，"因为我知道他是什么样的人，他就是没办法对我说谎"或者"因为他说过他永远不会骗我，我相信他的话"。有些时候，这些话也许是对的，但有些时候，这些话可能大错特错。凯西就属于后者。

凯西回忆往事，想起和戴维初识的那段日子时，才明白自己当初是在一种受到控制、条理分明的特定场景中对他的性格下判断的——他们都在戒酒互助会中活动。这从一开始就错了。那时她根本没有意识到自己对这个男人其实知之甚少，更不明白他与常人有多么不同。

> 我以为我真的了解他。他在互助会中总是那么诚恳坦率，愿意袒露自我，所以我想当然地以为自己对他非常了解。你知道，能成功戒酒的人一定都很诚实，有很强的责任感，所以我从一开始就以为，他一定像我一样讨厌说谎——所以他绝不会欺骗我。假如一切

可以重来，我一定会再等等，不会和他进展得那么仓促。当时我以为自己已经很小心了，但其实我对他的了解根本不够，而且我一觉得可以信任他，就开始对他的每一句话都深信不疑。我太早就对他失去了戒心。

如果你是一个在大事上尤为诚实的人，你会很愿意把这种美好品质投射到他人身上，以为他们也会像你一样思考和感受，采取和你一样的行为方式。凯西把自己的许多性格和价值观投射到了戴维身上，以为他和自己有很多相似性。而他确实如此——只不过仅仅在戒酒互助会上。当他们发展为亲密的情侣关系后，他的行为开始变得和此前截然不同。

温室花朵

安妮很自然会把一切都往好处想，因为她很幸运，生长在可以让她如此天真的环境下。

> 我的原生家庭非常幸福。我知道也许你们会说，我就是生活在温室里的花朵，一直被保护得很好。的确，我的父母很恩爱，对我和哥哥也特别好。我只知道爱与信任的感觉，这听起来有些不够真实，但就是这样的。我从未经历过背叛——在我的生命里，这个词就不存在。所以当我嫁给兰迪时，我以为我们还会像过去那样，将这份爱与美好传递下去，我也真的以为他永远不会在大事上对我说谎。可现在，我知道，有些东西已经从我身上永远消失了——所有的纯真与美好……

信任他人对安妮来说是最自然不过的事，因为这是她熟悉的东西，是她从小在家庭生活中体验到的，也是她期待看到的。可如今，她遭遇的这些事情彻底击碎了她过去形成的观念，面对冰冷、痛苦的背叛，她只能苦苦探索认识这个残酷世界的新方式。

正如凯西所说，只有和一个男性相处的时间足够长，你才可能了解他的真面目。可即便如此，当他的行为令你产生怀疑，很多疑问却会被悄悄按下。所以很多女性希望自己看起来是充满关爱和信赖的，即使证据摆在面前，爱情关系中也容不下丝毫质疑。还有一些女性，比如安妮，甚至可以做到对显而易见的线索视而不见，因为她们相信根本没必要关注这些事情。

提示：

不要想当然，要学会搜集信息。不要被感性支配，关上理性的大门。记住：人的阴暗面只有在关上房门的时候才会展露无遗。亲密关系会激发我们深埋心底的不安和焦虑等感觉，一个男人在你和其他人面前的表现很可能截然相反。有时候，他们说的最大的谎言就是："我永远都不会欺骗你。"想真正了解一个人是需要时间的——至少几个月，而不是几分钟。信任是需要赢得的。千万不要过早地将自己的信任交出去，也不要不明不白地进入一段关系。

自我欺骗2：他也许会骗其他女人，但不会骗我

刚开始和我谈话时，艾莉森根本没有意识到她丈夫斯科特可能在对她说谎。尽管斯科特的不少朋友早就对他在上一段婚姻中如何不老实的事实毫不避讳，甚至会当着她的面调侃，但艾莉森从没有将这件事放在心上。毕竟，斯科特的第一任妻子人品那么差，无论是谁都会去找别的女人。但艾莉森对斯科特的前妻又了解多少呢？她知道的都是听斯科特讲的，就像他曾经斩钉截铁地告诉她自己是去保释一个酒驾的朋友，结

果被艾莉森的姐姐埃丽卡看到在酒吧和其他女人暧昧时一样。

艾莉森相信,她和斯科特之间的感情与众不同,所以他不可能想找其他女人,也不需要这么做了。而这种信念很可能源于他们之间频繁而和谐的性生活。

> 他很爱我,我俩的性生活至今都很棒,所以他不可能对我不忠。我不知道还有多少夫妻能像我们一样,在一起这么久了还能这样如胶似漆。这一点是做不了假的。所以他怎么会有出轨的需求呢?或者用他的话说:"家里明明有盛宴,何必要出去吃三明治呢?"当他对我说"我爱你"三个字时,我知道他是发自肺腑的。我们的卧室、厨房、汽车前座上到处都是爱的记忆——如果这都不算爱,我不知道什么才算。

但事实是,这些高质量、充满激情的性生活很容易使人忽略感情之外的其他方面——比如诚实、尊重、忠诚以及对方的真实人品。对女性而言,没有什么比伴侣在与自己享有如此美妙的性生活时依然选择出轨更令人费解的了。

提示:

和谐的性生活并不意味着绝对的忠诚。人们常说,男性会出轨,是因为不能在婚内得到性满足,这话在有些情况下也许是对的,但很多时候并非如此。艾莉森后来发现,很多男性的确可以一边与自己的伴侣保持较高频率的性生活,一边在喝酒、聚会或去外地出差时拈花惹草。这些精力旺盛的男性在满足妻子的同时还能应付一个甚至多个外遇对象。多数女性会把性和爱画上等号,可与她们一厢情愿的想象恰恰相反的是,一些男性却能把这两者分得清清楚楚。

"这次不一样"

和有妇之夫在一起的女性，选择的正是一个惯于说谎的男人——因为他们一定正在对自己的妻子说谎。几乎每一个身处这类情况之中的女性都会天真地告诉自己，也告诉其他人，她的情况不一样——这个男人不会骗她，而且一定会和妻子离婚。

一名38岁的行政秘书娜塔莉在第一次见面时给我讲了一段老生常谈的婚外恋故事——一段虽始于激情，曾令她兴奋不已，如今却带给她深深焦虑和不确定感的关系。

> 我有过一段糟糕的婚姻，所以渴望找到一个能让我重新感到自己具有吸引力的男人。就在这时，拉里出现了。他是一名法务会计师，所以我们经常在晚上见面，他会告诉妻子他在加班。我知道他在说谎，但为了在一起，我们只能这样。我们的感情是那么独一无二，所以我相信他永远不会对我说谎。当然，这样的关系也有很多不好的地方。刚开始还能忍受，但到了周末和节假日，我会感到非常孤独。我开始不满足于此。我想做他的妻子。他告诉我，虽然他很爱孩子，但他已经不爱他的妻子，也不再跟她做爱了。于是，我便不会为这种关系和希望他娶我的念头感到内疚了。

在这短短的几分钟内，娜塔莉就描述出了和有妇之夫外遇的常见情形：

- 这类人会坚称自己和妻子感情破裂，同时不再与之过性生活。
- 他们会借加班之名，行约会之实。
- 周末和节假日，他们通常在陪家人而非情人。但在这些时候，他们的情人甚至不会和朋友外出，而是在家苦苦守候，不愿错过任何一个对方在妻子不在时才会打来的电话。

相信他说了什么,而非他做了什么

娜塔莉太想相信拉里会离开妻子和她在一起了,以至于几乎只关注他说过的话,而忽略了他的行为。拉里只说她想听的话,给了她紧紧抓住的希望。拉里的行为早已暗示出另一种结果,可娜塔莉却选择视而不见。

> 我一向他施压,他就会说:"我想象不出没有你的生活。相信我,我们一定会在一起的,一定会有属于我们自己的生活。"我太想相信他了,即使他搬出那套出轨男人的标准说辞——"等孩子们再大一些我就离婚",我还是愿意相信他。我总会问他大概要等多久,他就会说:"我现在没法给你一个明确的时间,但请你相信我,一定会有那么一天的。"我们就这样拖了4年。之后我终于忍无可忍,给他下了最后通牒。所以昨天晚上,在我的不断施压下,他终于答应要搬出自己的家,到外面租房住。我既兴奋又害怕,同时也开始怀疑,我这样做真的对吗?

小心你的愿望

我告诉娜塔莉,我听她讲述这段关系时的感觉,和之前看一部恐怖电影时的感觉差不多。那部片中,一个女人独居在家,忽然听到地下室传来一阵奇怪的声响。她摸黑下去,准备一探究竟。在她刚踩上楼梯的第一步,我就忍不住想大声警告她:"不!不要下去,赶快回屋,那里太危险了!"

对娜塔莉来说,灾难就在眼前。它不是恐怖电影里的那种灾难,而是一个男人在兴奋之下向她做出的她以为自己想要的承诺。最不幸的是，不仅拉里骗了她，她自己也在欺骗自己。第二周我们再见面时，她似乎有些不一样了。这一次，她边讲边哭，难以置信。

> 我们约好早上10点在房地产中介见面，帮他找个房子。我向往常一样提前15分钟到了那里，然后一直等着，等着。我等了一个半小时都不见他的踪影。其间，不断有工作人员过来问我是否需要帮助，我只好不停地回答人家："不用了，我在等人。"我坐在那里把所有杂志都看了一遍，他还是没来。刚开始我还在想，他是不是遇到什么事了，后来我终于明白，他不会来了。那一刻我感到一阵反胃。我无论如何不能相信这种事会发生在我身上。

娜塔莉描述的那种震惊和意外是那么似曾相识，任何曾经梦想破碎的人都能体会那种感受。但除此之外，她感受到的还有屈辱和背叛，因为拉里连面对她的勇气都没有。

> 我打电话到他办公室，但他迟迟不接。确切地说，他已经一个星期没有接过我的电话了。最后他终于接起电话时，也只是说了一句："对不起，我现在不能这么做。"仅此而已。

这段曾经发展得如火如荼的地下情，就这样在断断续续的哭声中草率收场。没有什么轰轰烈烈的事情发生，只有一句无力的"对不起"和电话被挂断的一声。

提示：

如果对方对自己的妻子说谎，那他也极有可能对你说谎。其实，拉里从一开始就没打算离婚。他的承诺不过是引诱娜塔莉上钩的饵。就像大部分已婚男性一样，他什么都不想放弃——妻子、孩子、房子，还有情人。当娜塔莉威胁到这一切时，他毫不犹豫地抛弃了她。

当然，的确有些男人会为了情人离开妻子，而且在我见过的人中，有几段婚姻就是这样产生的。但这些是极少数的情况。你很难确定这种长时间的地下情最后能有多大胜算。即使他真选择跟你在一起，你又怎么能肯定同样的事情不会在哪天发生在你身上呢？

合理化谎言

当否认（无论是他的还是你自己的）不再行得通的时候，我们终将承认自己确实被骗了。这时候，我们会发了疯似的寻找理由和借口，让自己的生活免受其影响，正常运转下去。所以，我们会合理化谎言。我们会寻找各种"合理的借口"来为他们的谎言正名，就像他们每次忏悔时要为自己找一些"合理的借口"一样。当他们说自己是因为这样或那样的理由才说谎时，我们也会自我麻痹，说他们有苦衷，是不得已之下才说谎的。我们在不由自主地为他们开脱：这点儿小谎不足为奇 / 每个人都会说谎 / 他也是普通人 / 我没有权利指责他。

毕竟，我们一旦认识到谎言的存在，就意味着下面这些可怕的可能性中有些要成真了：

- 他已经不是我认识的那个人了。
- 这段关系已经彻底失控，可我根本不知道该如何处理。
- 这段关系可能已经结束了。

大部分女性都会想尽一切办法避免上面三种情况的出现。即使在知道被骗后会对那个可恶的男人大吼大叫，可一旦尘埃落定，我们依然倾向于选择将谎言合理化，因为这种做法是让我们感到最舒适的。我们宁愿让自己的智商短路、直觉掉线，也要享受自我欺骗带来的舒适感。

但我们并不是真的傻。这种合理化必须真的合理，我们才会接受。如果你非常珍视自己找的借口，根本不想放弃它们，那就可以不用读下去了。因为接下来，我要拆穿这些阻碍女性采取有效行动的虚假行为。这样一来，它们再也不会蒙蔽你了。

自我欺骗3：他是说了谎，但他爱我，这才是最重要的

很多女性对爱和安全感有着太过强烈的渴望，以致忘了什么才是真正的爱。有时候，"我爱你"这三个字可能都是谎话。我们只要回头看看本书介绍的几位女性，就能知道她们真的很容易高估"我爱你"这三个字的真实分量，即使对方的表现证明了他们根本不爱她们。

- 简相信，比尔之所以没有把第二段婚史告诉她，正是因为爱她。为什么？仅仅是因为比尔就是这么告诉她的。"他是因为害怕我一旦知道卡拉的存在就会离开他，所以才撒了谎。你知道我在听到他说'我害怕失去你'时有多感动吗？"
- 凯西将戴维视作最好的朋友和一生挚爱，哪怕他威胁到她的财产安全，打击了她的自信，打破了对这段感情来说那么重要的承诺——他会戒酒。为什么？只因为戴维道歉了，说了"我爱你"。
- 娜塔莉和有妇之夫偷情，在孤独而失落中苦苦煎熬了4年，为什么？只因为那个男人不断地对她说"我爱你"，还向她承诺今后会跟她名正言顺地在一起。
- 面对肯一次次的辱骂和虐待，卡罗尔却还是一次次重新接纳他，

为什么？"他道歉的态度那么真诚，充满了悔恨，他还那么害怕失去我。我知道他有这样那样的缺点，但我依然感到他本质不坏。当他说'我爱你'时，我从他的眼中看到了爱。"

对爱的定义

假如去问本书中出现过的那些男人，他们到底爱不爱自己的伴侣，我想回答一定是"当然爱"。而且他们当中除反社会型人格者外的大部分人甚至是发自内心这样以为的。但要想明确他们口中爱的含义，就必须仔细研究他们的行为。

爱有很多种意义，取决于给它下定义的人是谁。它是一种复杂、主观的愉悦感受，可能体现在希望对方陪伴、受到对方吸引、需要对方、渴望对方和对对方产生情欲等很多方面。当然，我们遇到的很多男性可能都会对女性产生其中某些或全部感觉，但这些感觉并不足以成为真正的爱。想拥有真爱，我们必须把它们转化为负责任地对待他人的方式——主动为伴侣的情感和精神方面创造福祉的行为。真正的爱不会充满欺骗和背叛的成分。真正的爱不会让你觉得自己像个傻瓜，不会让你感到愤怒，不会愚弄你的感情。如果不存在真正体现爱的行动，爱就成了一句男性常常用来平息伴侣怒火、应对其质疑的空话。

提示：

爱是动词，不是名词；是脚踏实地的主动付出，不是华而不实的感觉、激情或浪漫。只有落实在行动上的才能叫爱。如果一个男性对你说谎，他就是行为不端，就是不爱你。他既不尊重你，也不尊重这段感情。再多的"我爱你"也无法弥补。不要再自欺欺人了。

自我欺骗4：他是说了谎，但他也是受害者

他真是个可怜的家伙！他说谎只是因为他的童年生活很悲惨 / 他8岁就失去了母亲 / 他父亲是个酒鬼 / 他从小家境贫寒，曾因穿着破旧而遭到同伴的嘲笑 / 他的老板是个混蛋，导致他承受着巨大的工作压力 / 他的前妻特别恶毒，把他的生活搞得一团糟。他确实说谎了！可在如此遭遇之后，谁又不会说谎呢？

你刚才看到的其实是一连串同情心不合时宜、过度泛滥的表现。女性很容易因同情而敞开心扉，从而忽视男性一而再再而三的错误行径，哪怕这种行为会深深地伤害她们。在这些男性的诱导下，女性会自动在脑内为那些不幸给他们带来的创伤和压力添油加醋——不管是过去的还是现在的伤痛——并以此为他们的说谎行为找借口。所以，女性有时比男性更懂得如何保护男性。

律师助理戴安的丈夫本谎话连篇，可她很容易把这种行为归结于生活不幸的必然结果，并觉得这是情有可原的。

> 他出生后不久父母就离异了，是穷苦的祖父母把他抚养成人的。他甚至没有跟父母的合影，我猜那种照片一定让他很痛苦。我真的很理解他——因为我的家庭也没有多幸福。所以他能走到今天，非常不容易。我完全理解他为他的女儿佩吉所做的一切——他只是想尽力做一个好父亲，因为他没有体会过真正的父爱。虽然他经常乱花钱，让自己看起来好像多了不起，但他其实只是想找个宣泄口罢了……毕竟，在外打拼已经那么不容易了。我现在求的，不过是他能多跟我说些真话。

有一颗怜悯之心固然很好，懂得相互支持也不错，可戴安却将这些美好的品质变成了自我欺骗的安慰剂。她对本儿时的不幸遭遇以及如今

生活压力的深深的同情，甚至盖过了对自己被欺骗的愤怒。她给本这种不光彩的行为贴上了正面的标签，就连她想跟他谈财务问题时他对她的大吼大叫都变成了"宣泄压力"。如果戴安停止这种合理化谎言的行为，她就必须面对本不断对她说谎、偷偷用他们的共同财产去盲目投资、导致全家陷入财务危机却推卸责任的残酷事实。如此一来，她就必须为了自己而采取一些行动——但这正是很多女性不愿做的事情。所以，戴安只好一味地将希望寄托在他能多跟她说些真话这一点上。可希望是无法神奇地解决问题的。

对一些女性来说，最令她们感到满足的就是，她们可以为一个有痛苦过去且如今仍在煎熬的伴侣提供支持，尤其是她们自己在童年或青春期有过类似遭遇时。

当我得知戴安小时候经常受到母亲的身体虐待和责骂时，我一点儿都不感到意外。她过分夸大了本遭受的苦难，给了本实际上是她自己渴望得到的关心和爱护。她以过分的理解和宽容对待本，正是因为她自己希望有人能这样对她，可见她是在弥补她自己缺失的爱。可她一味扮演圣人的行为也给本创造了继续说谎的绝好条件。

提示：

很多人都曾在儿时遭遇不幸，但并非所有人长大后都会不停地说谎。对你说谎并不能改变他的童年，对他一次次的原谅也不能改变你的童年。同时，说谎并不能释放压力——相反，只会制造更多压力。而且，说谎也不能提升自我形象。不采取相应的措施，只是一味地理解和包容，只会让他对你撒越来越多的谎，因为说谎的成本是那么低。如果戴安能把自己那些无处安放的同情心分一些给他人，也包括给她自己，也许事情会变得不一样。

自我欺骗5：他是说了谎，但我可以让他浪子回头

与"他是说了谎，但都是因为他遭遇了不幸"紧密相连的自我欺骗心态就是"他是说了谎，但我可以让他做出改变"。

有些女性把伴侣的说谎行为看作一场挑战。当谎言出现，她们虽然也会感到不安，但并不会因此而害怕，因为她们相信，自己拥有能让浪子回头的爱意和说服技巧。她们爱上的不是这个人的现在，而是她们想象中这个人的美好未来。

凯西就抱有这样的信念：

> 我会对他说："告诉我真相，让我们消除误会。"看，我总觉得我能掌控事态，让事情重回正轨。我总扮演着家庭调解员、心理咨询师和治疗师的角色。在医院里，我对病人非常好，因此我坚信我也可以帮助我爱的人。我不相信我会被他的谎言打败。我一向认为，只要我做了 A-B-C，就一定会发生 D-E-F……可这次却没有。我受够了每次回家都要装作什么也不知道的日子。

凯西成长的家庭环境并不稳定。她的父母在她10岁时选择了离婚，从那以后，她的母亲开始酗酒。凯西就像很多酒鬼父母的孩子一样，不得不承担起照顾母亲的重任。在她母亲喝得烂醉如泥的时候，她必须去操持家务。她虽然失去了同龄人的很多快乐，但这种亲子角色颠倒的生活给了她一些意外收获：她母亲和其他家人称赞她成熟、懂得自我牺牲，而这恰恰成了她自我身份认知的重要组成部分，同时也极大地影响了她对职业的选择。

凯西的自我认知很大程度上与她调解员与治疗师的身份密不可分。身为一名护士，她切实地看到了自己的才能是如何改变了他人的生活，这让她信心倍增，觉得可以把相同的技巧运用到自己的婚姻生活中。但

戴维的情况有所不同。他能言善辩，擅长嘴上说着"让我们谈谈"，却什么实际行动都不做。他只消说一句"我知道我错在哪儿了"，凯西就会以为自己成功地改造了他——因为他发现问题所在了。

这类女性以为自己长大了，那种小时候没能帮助父母改变的遗憾便可以通过帮助伴侣改变来弥补。可最终凯西也没能成功改造戴维，就像她当初没能成功改造她母亲一样。

提示：

我们越渴望维持一段关系，就越会注意到对方话中那些让我们以为有机会成功的部分。可话说得再满，终究都是纸上谈兵，就像凯西后来意识到的那样，若不付诸行动，再漂亮的话也没有意义。

这个世界上真正能改变与拯救他的人只有一个，那就是他自己。任何人都要学会找准自己的位置。也许你很聪明，做事效率高，甚至非常有影响力，但没有人的影响力能大到改变他人的天性。

自我欺骗6：他是说了谎，但都是我的错

女性通常很难将说谎这种行为和自己爱的人联系起来。如果男性真像她直觉中那样背叛了她，那么，这种发现爱人阴暗面后的痛苦是非常可怕的。她在脑海中疯狂地寻找一种更易接受的方式来解读现状时，常常会抓住一种危险却令人安心的解释——"一定是我的错"。她一旦陷入这种自责的陷阱，就会被扭曲的事实蒙蔽双眼。

当戴维告诉凯西，她要为自己酒瘾复发负责时，凯西就真的将在戒酒会中学到的"自己对自己负责"的原则抛到了九霄云外。

也许他是对的。的确是我让他失望了，是我没有跟他好好沟通就离开了他。我本来可以做得更好的……他那么需要我，我应该留下，帮助他一起解决问题……可能我才是让他酒瘾复发的元凶。

我们可能很难理解，为什么比起追究真正的当事人的责任，把伴侣说谎的责任揽到自己身上的行为对凯西而言更能实现自我保护。不幸的是，这种情况很多。为了维持和伴侣的关系，很多女性都会选择承担不属于自己的责任。

凯西一直在试图说服自己——也包括我——戴维之所以又开始酗酒，都是因为她头脑发热，残忍地抛下他独自一人在家，她不是一个好妻子。这种"本应该""本可以"之类的话听起来多么耳熟啊。有太多女性用这种话术进行自我欺骗，不断骗自己说伴侣没有错，错的是她们，是她们没有把事情做好。她们悄悄推测着，"也许我应该这么做，不应该那么做"，或者"也许我应该往这边走，不应该往那边走"。凯西太想赶快找到替戴维开脱的借口，甚至忘记了她当初之所以离开，完全是因为戴维的行为已经变得难以预测并令人恐惧。

这里还有一些耳熟能详的自责方式：

- 都是因为我控制欲太强了，所以他才说谎。
- 都是因为我没把问题解决好，所以他才说谎。
- 都是因为我太没有安全感了，所以他才说谎——他这么做其实是在保护我。
- 都是因为我太胖了 / 太瘦了 / 不够理解和支持他 / 引不起他的兴趣 / 不能满足他 / 太挑剔了 / 太爱唠叨了 / 太喜欢抱怨了。

你还可以把自己说过的这类话加进去。

自责和依赖

在生活的其他方面，凯西都是一个优秀能干、独立自强的女性，可唯独在情感上，她对戴维及其家人有着极强的依赖感。

> 我非常享受已婚的感觉，我不想再单身了，而且我也不想失去这个家庭——尤其是他母亲。我和他母亲的感情甚至比我和自己母亲的感情还要好。为了留住这些，我愿意做任何事情。

包括把戴维说谎的责任都不管不顾地揽到自己身上。

为了让凯西知道这样做其实是在颠倒黑白，我让她试着想象这样的情景：一个小女孩的父母做了一些伤害她的事情。为了在心理上让自己好受一些，她发现了一些非常有效的自我麻痹的方法，让自己不管发生什么都不会认为父母有错。如果她没能麻痹自己，意识到这些行为背后的真相，她就会产生难以忍受的焦虑，因为她现阶段完全依赖他们而活。如果他们的确是不合格的父母，那么她根本活不下去。所以，她必须认为他们是好父母。所以，她会得出这样的结论："如果我感到难过，或者的确有不好的事发生在我身上，那一定是因为我自己不好。"通过将自己的遭遇归咎于自身，这个女孩让自己的逻辑自洽，让自己的内心世界变得秩序井然。对她来说，比起认定自己是坏人，承认她如此依赖的那些强大的成年人是坏人才更令人感到恐惧。

对很多女性而言，这种成年后将伴侣说谎的行为归咎于自身的做法，不过是小时候这种心理生存战的翻版。当你把伴侣的指责和抱怨（宣称是你的缺点导致他们说谎）一层层叠加在这种源自童年的心理归因之上，自责很容易成为一种内在习惯，让你认为你们之间的一切问题都源自你。

你一旦承认对方才是做错事的那个人，就会感到非常不安，你赖以生存的所有事物都在那一刻开始倾颓。可如果你选择自己承担责任，你只需专注于改正自己的缺点，然后继续让伴侣把责任全部推到你身上就可以了。

他说谎成性，你助纣为虐

虽然诺拉对艾伦的一次次背叛感到愤怒，可她还是会把问题都归咎于自己。最后，她连艾伦在性方面对她的指责也照单全收，甚至没有质疑过其是否中肯。

> 我只能试着找一些合理的解释，让自己好受一些——比如"我在床上表现得不够好，要是我能让他感到兴奋，他就不会到外面去找人了"。而且，你知道，我有个年幼的孩子，每天总是很累，所以我承认我总是性趣缺缺，但我好歹应该假装一下的。

诺拉将艾伦病态猎艳行径的责任都归咎于自己，这从某种角度上说是在助纣为虐。她的自责成了艾伦放纵无度的通行证。前面讲过的凯西也是如此，是她的自责助长了戴维复发的酒瘾，并让他更加挥霍无度。

就算艾伦真的对他和诺拉的性生活不满意，他大可以寻求说谎和不停出轨之外的诸多解决方式。我问诺拉，有没有那么一刻她停止了自责，意识到艾伦根本就不是一个好伴侣，因为这种沉溺于女色的人通常确实不适合一段稳定关系，因为对他们来说性完全与爱无关，而是一种用来缓解压力和焦虑的途径。诺拉在性生活中也许有自己的问题，但艾伦的问题才更严重，也更具破坏性，在这个案例里也可以说极其危险。

和喜欢说谎的男性交往时，自责这种助纣为虐的行为无异于玩火自焚，因为他撒过的每一个谎都是在你的帮助之下完成的。是你主动放弃了定义真相和现实的权利，是你主动接受了他对现状的扭曲。在他的故事里，你成了造成他说谎的罪魁祸首。你一旦开始接受这种设定，就为他接下来继续说谎开出了一张通行证。

提示：

他是否选择说谎并不取决于你是谁，或你做了什么。他说谎的行为根本不是你的错。说谎是他自己做出的选择，是他个人的问题。如果他对你说谎，那么他同样会对跟他发展亲密关系的其他女性说谎。当然，这并不意味着你就是天使，而他是魔鬼，而是说，他如果对你有意见，完全可以不说谎，而是通过其他方式表现。如果你们的性生活不够和谐，其实有很多方法可以帮助你们解决这一问题。如果他不为自己的说谎行为负责，你不停止自我责备，就算你付出再多努力也于事无补。

实际上，我们用来自我麻痹的话听起来一点儿也不像谎话。它们令我们感到舒适、熟悉和真实，所以我们喜欢像念咒语一样一遍遍吟诵它们，像裹毛毯一样时刻把它们裹在身上，希望以此获得内心的安宁与平静，让世界重新回到我们理想的轨道上来。

自我欺骗并非真的良友，我们不能依靠它来寻求安慰和保护，即使它在短时间内能让我们感到好受一些。自我欺骗不能从根本上改变伴侣说谎的事实，因此，我们越是假装它可以，我们的心就伤得越深。

第六章 谎言对你的影响

在伴侣的谎言中生活的经历会动摇你存在的根本。这种生活会影响你的思维、感受、行为、和伴侣的关系，甚至你的尊严。当你开始用谎言掩饰心中的恐惧和疑问，用妥协和让步换取一时的风平浪静时，变化已经悄然而至。水滴石穿，磨杵成针，你对谎言的每一次否认、对痛苦的每一次美化，都是在纵容它们不断侵害你的身心健康。

终于，你开始心灰意冷，想要狠狠地报复他。那个你深爱过的人已变得陌生而遥远，就连你自己也面目全非。你采取了从未想过的手段和方式进行反击，被困在最强烈的情绪冲突中天人交战。不管你承不承认，自轻自贱已让你深受其害。你觉得自己很傻，受到了利用，被耍了，因此感到耻辱。

在我们看来，伴侣说谎产生的最直接的影响，正是那些不断涌现的消极想法和痛苦感受，而这些正是我们最关注的地方。你深陷愤怒和悲伤带来的起伏之中，却完全忽略了生活中那些意义重大的变化。这些变化并非发生于一朝一夕之间，可无疑是对欺骗忍气吞声的消极后果。

如果你的伴侣不断说谎，你可能会：

- 和你身边那些清楚你伴侣真实嘴脸的人断绝往来
- 成为你的伴侣继续说谎的帮凶
- 冲动地采取报复行为
- 认为自己多疑、善妒，因此感到羞耻，进行自我贬低
- 痛苦不堪，陷入自我封闭
- 对说谎步步退让

- 给孩子做出错误的示范，让他们误以为男性可以肆无忌惮地说谎，而女性就应该容忍

当然，没有人会主动做出上述行为。可如果在面对伴侣的这种恶行时，你不能变被动为主动，那么你失去的终将是最好的自己。接下来，让我们一起来看一看这些情况究竟是如何发生的。

伴侣说谎了，那就杀死信差

千百年来，消息都是通过信差传递的。如果传的是好消息，信差还会因此得到奖赏。可如果碰到给国王或其他大人物传坏消息，这群可怜的家伙就危险了。听到诸如死亡、重大战役的失利、谋反、其他阴谋或背叛等令人不悦的事件或悲剧时，国王在勃然大怒的同时，定会寻找一个替罪羊。在他看来，还有谁比造成他痛苦的根源——信差——更合适呢？如果不是他，国王就不会知道这些让人痛苦的事，这一天也会是正常的一天。还有什么比赶走坏消息的传递者或干脆将他处死更好的解决办法呢？

杀死信差的欲望并没有随着现代技术的发展而逐渐消失。在某种意义上说，这反而是现代人的生活中非常重要的一部分。我们仍然更容易将怒气撒在送信者而非问题的制造者身上。

艾莉森的姐姐埃丽卡看到斯科特和一个陌生女人一起走出酒吧，便把这件事情告诉了她，而她的反应很夸张。

> 第二天我就打电话给埃丽卡，让她别多管闲事。我还告诉她，她看到的肯定只是长得像斯科特的什么人。但埃丽卡说她离得非常近，虽然斯科特没注意到她，她不可能认错人。接着，她说："亲

爱的,你还想继续忍他这种事多久?"于是我彻底崩溃了,大声嚷道:"你对我们之间的事根本一无所知,有什么资格来破坏我的婚姻!"然后我告诉她,如果她不道歉,我就再也不要见她,也不想听她说话了。她应该做我最坚定的支持者,可她却在攻击斯科特,戳我的痛处。我真觉得她背叛了我。

对艾莉森这样有着强烈抗拒心理的女性来说,即使有明确证据显示这些谎言已经严重影响到她们的人际关系,她们依然会选择置之不理。

只要戴牢爱情的滤镜,再显而易见的谎言在她眼中都能消失不见。埃丽卡真的很关心艾莉森,而且她因为没有这层滤镜,更能看清斯科特的谎言。

但这种行为让她陷入了一种两难的境地。她是应该保持沉默,让艾莉森自己发现真相,还是应该冒着招惹仇恨的危险当一个现代版的信差,传递没人愿意听到的坏消息呢?这是真正关心我们的人在试图保护并叫醒我们时会遇到的困境。我们否认得越是强烈,就越不希望有人来拆穿假象。最后,我们经常会和把我们并没有准备好听到的真相告知我们的那些重要的人断绝联系。

其实,艾莉森的抗拒恰恰说明她已经对到底是谁在对自己说真话产生了怀疑。但有些时候,真相明明已经开始浮出水面,如果这一消息是从其他人那里得来的,我们却会觉得受到了侵犯。因此,艾莉森更容易把告诉她真相的姐姐当成背叛她的人,而不敢面对斯科特可能才是真正的背叛者的这种可能性。就像国王把怒气都撒在信差身上那样,艾莉森把她的怒气撒在了姐姐埃丽卡的身上。

全世界都在与我们为敌

在戴安的案例中,她因为这件事而暂时屏蔽的人正是她的母亲。实际上，戴安已经完全明白，本对他的商业决策和财务状况撒了谎，但她不想从任何其他人口中听到这些消息，她不想自己的希望就此破灭。

　　我靠别人的承诺活在这个世界上，可现在这似乎变得越来越难了。我母亲特别喜欢抓着我问近况，就像审犯人一样，这个习惯真的很烦人——虽然我知道她是关心我。于是，我把本目前正在运作的那个重大项目告诉了她——本向我保证过，这个项目不会让我们的财产受到威胁。我这么做可能不仅想让她安心，也想让自己安心。可她听后却沉默了许久，然后说："其实一年多以前我就听过这件事了。"她还告诉我，她和我父亲就这个项目咨询过一些房地产界人士，他们一致认为本根本拿不到那块地，而且已经有好几家大开发商因此放弃了该项目。可本之前告诉我，这块地马上就要批下来了。我母亲问我："你跟我说实话——他到底有没有赚到钱，还是说，是你一直在给他投钱？"这个再寻常不过的问题在我听来，却是对我的判断力、生活以及婚姻状况的不满与控诉。那一刻，我只觉得仿佛所有的神经末端都被刺了一下，然后紧紧地缩在一起，痛到无法思考。为什么我母亲要这么做？我告诉她，什么都不用说了，她如果不尊重我丈夫，就不要再打电话给我了。

　　当你的生活开始出现各种各样的问题，你却还在试图说服周围的人一切都好或都会好起来的时候，你的通常做法不是要求别人认同你的自我欺骗，就是让他们离你远远的。你不希望外面的现实世界打扰到你为自己编织的幻觉，所以你不再向那些原本与你亲近的人敞开心扉——有时甚至会与他们断绝联系。从此，你只愿和那些只说你爱听的话的人在一起，因为只有和他们在一起，你才会觉得舒服。

　　即使你还继续与某些家人或朋友见面，你也不会再对他们诉说你的担忧，不会再向他们寻求对现状的任何意见或看法了。你告诉自己，没有人真正理解发生了什么，没有人像你一样理解你的伴侣。渐渐地，你学会了保守秘密。

你隐藏的东西越多，得到的真相就越少，和亲朋好友的关系就越冷淡。尴尬、过度的自我防护意识以及愤怒取代了原本的亲近。不愿帮助你无休止地自我欺骗的人，最后都被你拒之门外。

我不是在建议你容忍他人对你生活的干涉和窥探，更不是在建议你盲目相信他人所说的一切。众所周知，生活中不是所有人都会一心为我们好。可如果这个传递消息的人此前一直受到我们的信赖，不管这个消息多令人无法接受，为了你自己，你至少也应该去核实一下他们说的话。这不是不忠，而是一种自我保护。

做他说谎的帮凶

还有一件事是这些说谎者经常做的，那就是把伴侣也拉下水，让她们充当关键时刻的挡箭牌，尤其在他们说的谎是关于金钱、失业或某种不良嗜好时。在这场没有赢家的游戏中，你虽不情愿，但可能还是会明知故犯，成为他说谎的帮凶。

戴安说，和债权人周旋几乎成了她的工作，因为本屡次三番许下还钱的承诺，但一次都没有兑现过，到后来已经没人相信他了。

> 当人家逼迫我们还钱的时候，他就让我出面调停。比如，我接到电话时，他让我告诉对方他不在家；或者他根本没寄出支票，却让我告诉对方已经寄出了；他还会让我说"他稍后会给你回电话"。现在，我成了替他说谎的人，这让我深恶痛绝。但他告诉我，我出面能拖延的时间比他更长，因为人们通常会对女人心软。有几次我真的崩溃了，在电话里泣不成声——我觉得自己的行径是如此的卑

劣，我自己都看不起自己。

他的信用越低，他就越需要你的信用做筹码。不知不觉中，你不但向陌生人说了谎，也向那些真正关心你的人说了谎。

就在戴安发现本藏在桌下的付款单后的几个月，她收到了给他们做房屋抵押贷款的机构寄来的止赎通知单，她终于彻底地慌了。

我真是不敢相信，他竟然能表现得满不在乎。他说："你妈那么有钱，她能帮我们解决眼前的困难，只要等圣巴巴拉的项目完成就又有钱了。就差几个星期了。你可以告诉她，我会付她20%的利息。"但我知道，那个项目成功的希望非常渺茫，而且自从上次我和我母亲在电话里吵了那一架后，我已经好几个星期没有联系她了，可现在我却得厚着脸皮向她求助。我实在别无选择了——我不能失去我的房子，而且我还是相信，本会带我们脱离这片苦海的。

在我母亲家的那天晚上是我人生中最糟糕的一夜。我装出一副对本的项目非常看好的样子，把本教给我的说辞重复了一遍。我还给她展示了设计师的图纸和预计收益，还向她保证这个项目马上就要成功了。我告诉自己，比起失去我们的房子，撒点儿小谎不要紧。可她却摇了摇头，说："我不想听这些，别拿本那套说辞来侮辱我的智商。我很清楚他为什么自己不来却派你来——他知道我会让他滚出去。如果你需要补交拖欠的房屋贷款，我可以给你钱，我也不需要任何利息——这钱是送给你的礼物，而不是借款。你们身上的债已经够多了。现在，也许你会生我的气，但我还是要说，我很担心你。我认为本一向花钱肆无忌惮，不负责任，还要把你拖下水。现在，他甚至让你来替他说谎。"

在本一手制造的财务噩梦里，他那维持已久的高大形象彻底垮塌。

这个曾明确表示因妻子对商业一窍不通而要自己管钱的男人，现在却在要求妻子帮忙。可一次次替他说谎不仅损害了戴安的信誉，也伤害了她的自尊。

违背一切原则

凯西同样也多次违背了她自己的原则和底线。戴维每次宿醉未醒时，都会让凯西替他打电话向公司请病假：

> 天哪，我知道他是在强迫我这么做，也知道应该让他自己面对自己行为的后果，可当事情真正发生时，你会发现这跟理论上说的完全不一样。我发现我只有两种选择：要么打电话替他请假，要么看着他被解雇。当然，这话听起来很简单。可我知道，如果我不帮他说谎，他的工作就没了，他会变得愁眉苦脸、郁郁寡欢，整天待在家里无所事事。我违背了自己所有的原则。我没有给我的主管打电话，也没有去参加会议，却替他撒了谎。他发誓说那是最后一次，可那当然不是。

其实，替酒鬼说谎这种事，凯西早就习以为常了。小时候，她就是这么替她母亲做的。10岁时，她母亲一喝得醉醺醺，就会让凯西给她的老板打电话，谎称自己得了流感，要过好几天才能去上班。为所爱的人说谎变成了"必须做的事"。就像小凯西认为自己这样做是出于对母亲的爱与忠诚一样，成年后的凯西认为这是爱的终极表现，只不过对象变成了她的丈夫。

凯西心中理智的那一面非常清楚，这样做对她自己和戴维都有害。可戴维在激起她同情心的同时也唤醒了她童年的感受与体验，她又变回了曾经那个一直要照顾别人、替别人说谎来打掩护的孩子。

怒火与复仇

"我要让他看看!"

"他以为他是谁!"

"他竟然把我当傻子一样耍!"

"他不仁,就别怪我不义!"

"我这辈子都不想再见到他!"

在这个世界上,大概没有什么会比爱人的欺骗和背叛更令人愤怒的了。面对现实的当头棒喝,否认和合理化再也没有效果,痛苦占据了你的心。那一刻,情绪和冲动超越了理智,你也常常会因此做出不理智的行动。

一直以来,艾莉森都固执地拒绝相信斯科特会背叛她,直到她亲眼看到他和助理在车前排的座椅上激情相拥。

> 那天,我看到他的车就停在他位于比弗利山的办公室附近,于是我放慢车速,想看看他是不是准备在午饭后散个步。这时,我发现原来他就在车里——和那个助理在一起。我一生中从未体会过那样的愤怒和伤心。我竟然没有当场开车撞上去,连我自己都很惊讶。我甚至连自己是怎么回家的都不知道,我真的不记得了。我满脸是泪,一回到家就扑倒在床上,放声痛哭,狠狠捶打着床垫。我必须要狠狠地报复那个混蛋,我不能就这么当一个可怜的受害者。我气得浑身发抖,感觉身体随时要炸成碎片。我真的从来没有那么愤怒过。

可以理解,艾莉森完全被怒火控制了,只是当时她愤怒的程度连她自己都感到震惊。长久以来,艾莉森把各种各样的疑问和挫败深埋在心底,直到最后一切终于爆发。她对自己产生了一种前所未有的陌生感,害怕自己就此失控。斯科特和那个女人拥抱的画面一遍遍地在她的脑海中重现，她越来越感到自己像个受害者一样无助——她不喜欢自己这个样子。而且，她误以为，重新掌控自己生活的最佳方式就是狠狠地报复那个背叛自己的人。

> 我知道，必须做点儿什么才能好受一些。于是我一把拿过他视若珍宝的集邮册，把喝剩的咖啡都浇了上去。然后我把他的衣服都扔进了垃圾袋。他的照片、他的CD，甚至他药柜里的东西，统统被我清理了出去——我再也不想看到任何和他有关的东西。这样一番发泄后，我一个人去看了一场电影。一想到他回来后会看到这样一幅场景，我心里就爽极了。

艾莉森就像一阵飓风，想用其人之道还治其人之身。她在想象中把斯科特按在地上狠狠摩擦了一顿，这让她的肾上腺素急剧飙升，痛苦也终于得以减轻。与此同时，这种复仇的快感让她产生了自己内心变得很强大的幻觉。

你不仁，我不义

如果背叛是肉体上的，就像艾莉森的案例中一样，有些女性会在冲动之下选择用同样的行为回击对方。说白了，就是报复性出轨。既然他能如此对我，我也可以如此对他。

在斯科特的东西上撒完气后，艾莉森还觉得不够。

> 我准备把一个单身的朋友叫过来，我知道他对我有意思。我打算灌醉自己，再跟他上床，然后想办法让斯科特知道——这回他总该伤心了吧。这就叫以眼还眼，以牙还牙，不是吗？但残存的一丝

理智告诉我，这种疯狂之举并不能真正让我好受起来。我有一个朋友曾经就做了这样的事来报复自己的伴侣，可她事后却感到更难过了。

艾莉森的这位朋友当然会更难过了，因为报复并不能带给我们真正的安慰和帮助。报复只会让我们把所有的注意力都放到伴侣的反应上——他是不是感到痛苦，有没有得到报应，是否吸取了教训。所以聊到最后，我和艾莉森终于找到了另一种把注意力集中在她自己身上的治疗方法。

愤怒与悲伤的紧密联系

虽然本的谎言与外遇无关，可当戴安收到银行发来的一连串支票无法兑换的通知时，她同样感到心烦意乱。本似乎把戴安母亲给他们用来还房贷的钱也投到了他那个不靠谱的房地产项目中。

我怎么会这么傻呢？我把我母亲给的钱存到了我和本的联名账户上，第二天就寄出了一张偿还贷款的支票。可还没等这张支票兑现成功，本就赶到银行把那笔钱提走了。现在，我都不知道那家储蓄贷款机构会不会给我留出卖房子的时间。为了那栋房子，我曾经付出不少心血，苏珊，我是个聪明人，也取得过很多成功，可本觉得我就是一个白痴。前一秒我还在生他的气，后一秒我就开始生自己的气了。我哭得停不下来，不知道该怎么办。他怎么能对我们做出那样的事？我该如何应对我自己的愤怒？又能用什么方式报复他？

出轨不是唯一会让你的生活分崩离析的背叛形式。应该说，任何形式的欺骗都是对你智商和尊严的侮辱。从戴安的描述中我们可以清楚地看到，愤怒与悲伤这两种情绪相生相伴，而戴安就不断被这两种情绪拉扯着。除了对本的愤怒，对自己放任事情到这种地步的自责，戴安其实也受到了深深的伤害和惊吓。她痛哭流涕，不只是因为她可能会失去房子，还因为她失去了其他——信任、稳定、自尊，当然还有爱——现在，这一切都被谎言摧毁了。

但就像艾莉森一样，戴安终于愿意将精力都投入那些真正可以让她的生活重回正轨的地方，做出改变。

不要急于反击

受伤后会反击是人类的天性，所以，我也并非在建议你不要生气。可当伤口未愈时，你让愤怒的冲动上了头，很可能造成不可挽回的后果。

没错，你当然会生气。你又不是个机器人，不可能表现得无动于衷。可是，很多一时冲动下做出的决定，比如提出离婚、报复性出轨、烧他的衣服或是更换门锁好让他进不了家门这些手段一旦付诸实践，结果却可能对你自己产生很大危害。

愤怒和报复不过是"否认和合理化"这枚硬币的另一面。你之所以感到它们给了你力量，只不过是因为这次你化被动为主动，不再像过去那样被对方的行为牵着走了。可实际上，无论哪种做法都不能维护你的利益，不能让你通过能维护自尊的健康方式重回生活的正轨。恰恰相反，愤怒和报复相互滋养，形成了一个完美的恶性循环。

即使遇到艾莉森这种情况，当你的心和灵魂受到双重伤害时，你也要待形势明朗后，给自己留出足够的时间重新考虑这段关系，然后再做出任何事关重大的决定。因为，你们之间或许还有挽回的余地。

因嫉妒而面目全非

艾莉森太信任斯科特了。就算别人早就告诉她斯科特可能有问题，她却仍然坚持否认，觉得斯科特不可能背叛自己。可当她发现斯科特真的出轨时，她又转向了另一个极端。

> 现在事情总算平静下来了，我们相处得不错。不过，我得告诉你，我总沉浸在这样的恐慌中——"要是再发生一次这样的事可怎么办？"我觉得要是再来一次，我恐怕很难走出来了。现在我总是疑神疑鬼。只要他对其他女人笑，我就会很生气。我变成了自己最讨厌的那种怨妇。只要他一打电话，我就赶紧躲到卧室，通过分机监听他。我检查他的衬衣，翻看他所有的口袋……前几天我真的要彻底崩溃了。我甚至在垃圾桶里翻找鬼知道什么证据——汽车旅馆的收据之类的——还把手伸进一袋油乎乎的鸡骨头里。这真是前所未有的耻辱啊。下一步，我想你应该也猜到了，我准备跟踪他了。

为了保证自己不再上当受骗，绝望中的艾莉森成了一名侦探。她相信，只有保持高度警惕，才能避免不幸再次发生。可是，正如愤怒和报复是否认和合理化的另一个极端一样，多疑也是过度自信的另一个极端。这些都是没有用的。如果他真的打算骗你，不管你翻他的钱包几遍，他总能找到骗你的办法。你再多的关注也阻止不了他心怀不轨，可时时刻刻窥探他人隐私导致的屈辱和羞愧却让你背上了沉重的道德枷锁。

他的谎言会影响孩子

如果你们有孩子，和一个说谎者生活在一起不仅会深深地影响你，无疑也会影响孩子。如果你表现得对说谎没有底线，那你的孩子必然也会有样学样。当然，你可以告诉孩子要诚实守信，不该说谎，可父母的行为示范远比口头教育的影响大。当你想方设法为伴侣的谎言找借口、试图将其合理化或为说谎者打掩护时，孩子会立刻知道你的真实立场。下面我会对此做进一步阐述。

在第一章中，我们认识了一位名叫保拉的女性。婚前，她的丈夫约翰向她保证在性方面不会做出任何让她感到不适的行为，但在婚后却强迫她口交。此外，约翰还曾在婚前许下另一承诺，却在婚后以一种极其残忍的方式将其亲手打破。

> 我一度以为，这个男人就是我的真命天子，一个原因就是他能够理解和接受我曾遭受性侵的经历。他说过，他始终会站在我这一边，我可以向他倾诉一切，我可以无条件地相信他。他还发誓说，他就算砍掉自己的胳膊，也绝不会以任何方式用那段过去伤害我。他知道我一直在接受你的治疗，希望获得帮助，可最近，他竟然反复提起我的过去，还会说像"我竟然会娶你这样的脏女人，你就是个二手货"这样的话。我哀求他对我好一些。可是天哪，苏珊，为什么我对他就做不出这种事？

我告诉保拉，也许她应该换一个问题——约翰怎么能对她如此残忍？性根本不是问题的关键，约翰的行为才是。他怎么能在发誓不伤害她之后，为实现自己的目的，利用保拉的旧伤和悲惨经历为武器攻击她？保拉又怎么可以容忍约翰的谎言和侮辱，最终还得出是自己出了很大问题这种结论？

在成长过程中，保拉目睹了自己的母亲卡罗尔是如何忍受丈夫肯的谎言和虐待，如何在宗教和家庭的束缚下失去行动力，最终沦为彻头彻尾的受害者任其宰割的。这两代女性都嫁给了骗子。

即便母亲卡罗尔从未对女儿保拉说过"你的丈夫对你说谎也没关系,忍着吧"这样的话,她的行动早已将她的态度表现得淋漓尽致。

这就是卡罗尔留给她深爱的、竭尽全力想要保护的女儿的影响。当然,卡罗尔的出发点是好的,但她却给女儿树立了一个消极的、自我否定式的、逆来顺受的形象,并让这种观念深深根植于女儿心中。幸运的是,这种恶性循环最后还是被成功打破了,你将在本书下半部分中看到。

错误的一课

当你的孩子长期生活在你受到伴侣谎言麻痹的家庭中,他们会以你想象不到的方式被卷入这些谎言中。还记得那个和一名反社会型人格的心理咨询师交往过的雕塑家劳丽吗?她告诉我,她已经对迈克尔的谎言产生了很高的容忍度。我问她,为什么她会如此轻松地接受这类本该令她难以接受的行为?

> 我一直很爱我的父亲,但他是一个说谎成性的人。他嗜赌如命,所以为了弄到钱经常谎话连篇。他曾是一名汽车销售员,收入颇丰,但都输在了赌场上。我们就过着头一天有钱第二天穷困潦倒的日子。他总是信誓旦旦地说要为我和弟弟做些什么——送我们去私立学校、买新车……可最后没有一件事能办成。但他非常有魅力,和他在一起时特别快乐。就算他一次次地令我们失望,我们也总会轻而易举地原谅他。我小的时候,我母亲总是对他发脾气,我还惋惜他竟然娶了我母亲这样一个不可理喻的女人。唉,原来那时候我什么都不懂。

渐渐地,劳丽终于发现,他们喜爱的父亲原来说过不止一种谎。从此，她青春期的美好世界就这样被彻底击碎了。

　　那天，我跷课和男朋友悄悄溜到了学校对面的麦当劳里。为了不被别人发现，我们俩坐在后面的一处角落里卿卿我我。可就在我们准备回学校时，我看到餐厅另一边的卡座里有一对中年情侣在那里缠绵拥吻。那个女人长着一头红发，妆特别浓，穿着一件紧身毛衣。而那个男人看着非常眼熟。接着我意识到，那是我父亲！这时，他突然抬起头，一眼扫到了我。他似乎笑了一下，然后移开了视线。那一刻，我的心怦怦直跳，好像快从嗓子眼儿里跳出来了。我感到一阵头晕目眩，不知道自己该往哪里走。那个人真的是我的父亲，他竟然在外面找了一个情妇！

　　我父亲对此未说一字，而我也没有将这件事告诉任何人。我觉得自己好像在保护一个肮脏的秘密。我当然也不能把这件事告诉我母亲，因为她已经对我父亲非常失望了，我不想成为他们之间关系继续恶化的导火索。可与此同时，我又觉得自己好像背叛了我母亲，心里羞愧难当。

　　因为无意中看到了本不应该看到的事情，劳丽被迫保守秘密，成了她父亲的帮凶，于是也被迫背叛了她的母亲——这对任何一个青少年来说都无疑是种沉重的负担。

　　劳丽的父亲虽然没有就这件事直接对她说什么，但她知道，她如果不想就此失去父亲的爱，就要懂得守口如瓶。有些父亲会公然拉拢孩子替他们保守秘密，把他们拖进他们本不该涉足的恶劣戏码中。我治疗过一些在充斥着重大秘密和谎言的家庭中长大的患者，他们表示，他们的父亲甚至会对他们讲述自己的风流韵事。女儿们经常会听到这样的话：

　　——千万别告诉你妈，不然会要了她的命。

——千万别告诉你妈,不然会毁了这个家的。

——千万别告诉你妈,不然她会离开我,这样你以后就再也见不到我了。

面对这样的保密要求,哪个十几岁的孩子不会陷入究竟该向着父亲还是母亲的纠结呢?这种纠结的痛苦在某些方面看甚至与乱伦带来的不相上下。孩子们被强行分配了一种他们无论从理智还是情感上都难以理解的角色。说谎者让他们相信,他们有责任保持沉默,以维护家庭完整。他们相信如果不这样做,灾难定会降临,而家庭一旦破裂,自己就是真正的罪人。

当说谎的父亲强迫孩子为自己保守秘密,孩子会陷入影响深远的混乱之中。也许劳丽的父亲不曾有任何愧疚感和责任感,但被他卷进谎言的劳丽有。当劳丽慢慢长大,她会认为自己无权对说谎者提出任何质疑,为了在谎言之下生存,她能做的只有睁一只眼闭一只眼。我告诉劳丽,如果她想改变这种可怕的思维模式,她就必须不再容忍谎言。

在孩子学习两性相处之道时,父母就是他们第一个也是最重要的老师。假如为了维持家庭表面的风平浪静而容忍了伴侣一个又一个的谎言,你也许就在不知不觉中在下一代心里埋下了一颗容忍谎言的种子。

失去真正的自我

在谎言的世界中,没有人能安然无恙。它不仅伤害了你关心的人,最重要的是,它伤害了你自己。你的情绪、精神和心理健康会受到损害。渐渐地,你会发现你身上出现了某些此前没有的性格特质。你开始变得冷酷,失去希望,意志消沉。压力和紧张啃噬着你的内心,侵害着你各方面的健康。也许你像卡罗尔一样,觉得忍耐就好,但你可以看看她付出了什么。

我必须说服自己,什么事都会解决的。我是摩门教徒,我们家里没人会选择离婚。可我渐渐变了,变得和我结婚之初完全不同了。我失去了自己的灵魂,失去了对他人的信任,也失去了对自己的信心——这些都是我最引以为豪的部分。

卡罗尔描述的,正是一种为维持感情而放弃自我之后产生的强烈失落感和空虚。伴侣的欺骗行为如果从未受过质疑和探究,会对你的人格和情绪健康产生潜移默化的影响。你的情绪会呈螺旋式下降。随着自尊心的逐渐变弱,沮丧和绝望更是会如影随形。

你再也不是原来的你

也许你和卡罗尔一样,相信只要对现状照单全收,你的生活就会一如既往——可能在一段时间里确实如此。我知道,很多女性都对习惯性说谎的另一半心存幻想,觉得他们总有一天会向自己坦白,为他们造成的伤害真诚地道歉,请求自己的原谅,并立刻接受心理治疗。

但是,说谎和其他所有不良行为一样,不会突然消失,而是会愈演愈烈。你的伴侣会在谎言中泥足深陷,越来越不想改变,而你会发现自己在尊严方面的底线越来越低。

不过,那个真正的你并未就此消失。我会帮助你找回自我,疗愈欺骗和背叛带来的创伤。同时,你会掌握可以帮助你摆脱亲密关系和生活中令人痛苦的模式的最佳行为方法。是时候和谎言永别了。

第 二 部 分

疗愈背叛和欺骗带来的创伤

在本书的第二部分，我将教你一系列应对伴侣说谎问题的技巧，无论是你刚刚发现他的第一个谎言还是他习惯性说谎多年。我会向你展示怎样才能进入一种清晰、理性的思考空间，从而做出最符合你利益的选择。我还会告诉你在抓到伴侣说谎时你该怎样与其进行沟通，我还会教给你一套完善的话术，告诉你在面对伴侣控诉、解释和抨击的套路时该做出怎样的反应。你会学到怎样通过语言和行动向对方传达"停止说谎！"的信息。

与此同时，我还会教给你帮助你缓解内心焦虑和不安的最有效的技巧。我将指导你如何通过写作、视觉化方法和一些仪式来缓解内心的恐惧和愤怒。我还会帮助你正确地应对失去的信任，抚平流血的伤口。

正如前文所示，一味的否认和合理化都是行不通的，大发一通脾气也许能带来一时的掌控感，但长期看根本毫无用处。真正有用的做法，是将你的情绪反应和行为策略有机结合，这样你才能直面谎言，决定什么是你可以接受的，什么是你不能接受的，并在可能的情况下为一段更坦诚的关系打下坚实的基础。

在那些极具破坏性的案例中，我会帮助你谨慎地评估继续维持和一个说谎者的关系对你是否还有好处。如果你选择继续，我会帮助你让你的另一半停止说谎，并在坦诚和尊重的基础上重建你们之间的关系。如果在探索和尝试过各种方法后，你认为保留这样一段关系对你的精神健康没有好处，那么，我会帮助你度过艰难的戒断期。

当你决定要这样做时，请先向自己保证，你会积极采取措施，做出真正的改变，一有机会就会在日常生活中演练书中的技巧。有些沟通方式或控制情绪的技巧起初对你来说也许是全然陌生的，但我在多年经验和与很多和你情况类似的女性共同完成的治疗中发现，它们会在实践中变得更简单、更易上手。而且，它们是有用的。另外，它们对你生命中那些对你说谎的人一样有效。

虽然通过自学就能迅速掌握这些行为策略，但我知道，发现伴侣说谎时的那种焦虑、压抑和恐慌有时是极其可怕且难以抵挡的，所以，一定要及时向外界求援。本书中介绍的方法和措施无法代替专业医生的治疗和互助小组，我只是希望在你选择其他方式的同时，这些能为你提供更多帮助。

当你掌握了新的表达和思维方式，采取了全新的实际行动，你会发现你的生活在朝着更好的方向转变。我知道，做到这些并非易事，但我可以向你保证，你做出的每一点改变都会对你的生活产生重大的影响，让你更靠近你希望获得也应该获得的亲密关系。

请记住，要想让生活更美好，积极主动才是正确做法，消极被动只会平添路上的障碍。接下来，就让我们一起行动起来吧！

第七章 关键时刻

从你决定要采取行动直面爱人谎言的那一刻起,你就将体验从未体验过的剧烈的痛苦、迷茫、愤怒和恐惧。新谎也好,旧谎也罢,下定决心、采取行动都已成为必然。你们之间的这段关系——以及你认识的那个世界——都已经被彻底改变了。

- 你刚刚发现谎言时,也许感到伤心难过,甚至以为自己无能为力,只能任由情绪裹挟着自己,直到其自然消散。我理解,那时你的心里一定充满了恐慌和不安,根本不知道接下来要怎么做。

- 如果你有过多次被骗的经历,而且已经学会隐藏自己的情绪,那你很可能会发现,自己的满腔怒火早已转变成了抑郁和痛苦。很多时候你只是暂时平复了心情,却无时无刻不在提心吊胆地等待着下一个谎言——下一次让你的全部生活摇摇欲坠的攻击。每当你想起对方背叛过你,你总要花上不少精神能量来平息内心的怒气。

- 如果你刚和那个骗你的人分手,你可能会变得很脆弱,不知该如何避免再次上当受骗,更不知该如何在怀疑和自满之间保持平衡。很多时候,我们经历过的那些痛苦和愤怒似乎早已变得无足轻重,让你以为自己已经放下了,但它们依然有可能在某天以惊人的力量爆发。也许你相信自己不会重蹈覆辙,但还是不知道究竟该如何保护自己,你也很可能陷入深深的自责。

不管你的个人情况如何,也不管你与说谎者的交锋到了何种阶段,我都希望你可以向自己做出承诺，保证自己会采取积极勇敢的态度走出痛苦，迎接更好的生活。

行动的第一步

首先，我们应该明确第一件事：你当前正处于情绪剧烈起伏的状态。所以，现在的你不适合做出任何重大的决定。此外，现在也不是倾听或评估你的爱人对发生的事情的解释的时候，更不是决定你们的关系是否应该继续的时候。巨大的情绪起伏会干扰和限制你处理信息的能力——即使你感觉自己内心平静、头脑清晰。当你面对反社会型人格者时，这些根本起不到任何作用，你唯一可以做的决定就是立刻离开，并必须尽快这么做。

如果你的问题已经持续了很长一段时间，那么，你需要回过头想一想自己过去的应对方式，看看哪些是徒劳无功的，以及在这段关系里你可以做出怎样的改变。

现在的策略是在未来七天内做好行动的准备。在这段时间，你需要理清思路，养精蓄锐，以应付这场严重的危机。我知道你现在一定觉得时间紧迫，但你首先应该关注的是如何让自己恢复状态，而不是考虑怎么应对说谎者。你要做的事情有很多。

直面伴侣谎言的五个步骤

对大部分女性来说，成功走出伴侣的欺骗带来的伤心和混乱是一种陌生的体验。我将向你介绍五个帮助你走出困境的步骤，在本章和接下来的章节中，这五个步骤会为你提供一种极为有效的方式，让你以充满尊严和力量的方式直面困难。现在，我将这几个步骤一一列出，让你对接下来的内容有一个清晰的概念。你可以把它们当作治愈伤口的维生素。

- 创造环境：创造一个可以让你专注自身的环境。
- 集中精神：在内心深处开辟一个能让自己理性思考的地方。
- 直面问题：告诉你的伴侣你发现了什么，你的感受如何，你现在想让他怎么做。
- 设定条件：你一旦决定了自己想要什么、能和不能接受什么以及这段关系得以持续的前提条件，就勇敢地向你的伴侣表达出来。
- 寻求帮助：向支持你的家人、朋友寻求帮助，必要时可以联系心理健康专家。我特别建议充分利用女性朋友的力量。

将这五个步骤付诸行动后，你的能力就会变得更强，你也就会更清楚自己下一步该怎么做，以及你们的这段关系是否值得挽救。

创造环境：为后续行动做准备

为了帮你减轻压力，我强烈建议你在第一周中和你的伴侣保持距离。这个时候你最需要专注自己，让自己尽快恢复状态，之后再去面对对方。所以，首先我希望你能够对他说这样的话：

> 我需要一些时间来整理自己的思路。我希望你能去其他地方待上一周或者几天，等我准备好后，我们再谈。

就算你是在几天甚至几周前发现他的谎言的，我还是希望你能说出这些话，因为这样做可以立刻扭转你们之间的局势，让你马上化被动为主动。

听到这样的要求，你的伴侣也许会很不满意，甚至可能感到害怕。因为这样做会给他带来诸多不便，打乱他的日常生活，所以他很可能会步步紧逼，尽全力劝你和他一起解决问题。如果他对你死缠烂打，哭喊、乞求或是强迫你和他对话，你一定要坚持住，明确地告诉他必须等你准备好以后再说，否则一切免谈。记住，他的需求永远排在第二位。他为所欲为的日子已经太久了。

如果你们尚未同居，这一步的实现会容易得多。可如果你们已经结婚或者同居，而你的伴侣不愿意暂时离开，你可以选择主动离开他。因为一旦你们陷入无休止的争吵，或是你的伴侣成功地利用了你的同情心，你将很难开始自我疗愈的工作。如果你们还有孩子，情况将变得更加复杂，但你一定要尽力一试。这是你重整旗鼓前不可多得的喘息之机。

如果你们俩都做不到短暂分居，那至少要尽可能多留出属于你自己的私人时间。

不管他是否和你待在一起，你都需要重新安排自己的日程，想办法挤出时间。我知道这并非易事，但你可以考虑一下这类方式：

- 请一周假或几天短假。
- 如果你连一天假都没有，那就请一个下午假或是利用一顿时间较长的午餐。一定要尽可能多争取时间。

如你所见，我们首先要做的就是清除一切障碍，做好战斗准备，让自己拥有一定的时间和利于情绪恢复的空间。坐下来，拿起你的日历，用笔标好时间——每天至少两小时——这是你未来幸福的砝码。而且在这段时间里，你不能看电视，不能接电话。

如何面对孩子

我知道那时你早已心力交瘁，不堪重负，无暇顾及其他很多事，可你如果有孩子，就必须考虑如何帮他们渡过难关。假如孩子还是婴幼儿，前几天最好交由你的父母或其他亲戚朋友帮忙照料。孩子越小，你就越需要花费大量的时间和精力去照顾他们，但这种时候，你可能连照顾自己都已经十分费力了。

如果孩子再大一些，因为上学或其他不得已的理由必须和你待在一起，你就需要向他们做一些必要的解释，告诉他们你为什么难过。当然，该说多少要视他们的年龄而定。只要超过5岁，你就必须给他们一些解释。儿童的感知力和洞察力是超乎你想象的，他们会像海绵一样吸收父母身上的紧张与不安，所以他们有权得到一个解释，而且只有这样，他们才能理解你为什么难过，为什么需要时间独处。

简有两个孩子，一个10岁，一个12岁。可当她从房屋贷款申请表上发现比尔的第二段婚史时，她首先想到的是不让孩子发现她的情绪有任何异常。

> 我觉得，他们不需要知道发生了什么，而且他们一心忙着跟朋友往来，搞些课外活动，也根本不可能注意到我的变化。这是我和比尔之间的事，没必要把孩子卷进来。他们认识比尔也没几天，我不希望破坏他们之间的关系。

我告诉简，她不需要告诉孩子们她发现的全部细节，但如果她认为她可以装作一切都好，那只能说是自欺欺人。我和她商量了该如何向孩子们解释这件事。下周见面时，她感谢我当初催促她向孩子们解释。

> 刚开始，我觉得你是在逼我做一些不好的事情，可后来我才明

白,要想做出改变,就不应该再遮遮掩掩、藏着掖着,因为这会让我更劳神费力。所以我告诉两个孩子,我和比尔之间确实遇到了一些问题,但和他们没有任何关系。我还告诉他们,我现在心情很不好,我对比尔感到十分生气,但我们依然会一起寻求解决问题的方法。另外,我还提前给他们打了预防针:如果看到我哭,不要惊慌。他们不需要做什么,我的心态需要我自己来调节。当然,他们得知实情后最想知道的一件事就是,我和比尔会不会离婚。我告诉他们,我暂时还没有考虑这么做,但我也不能给出绝对否定的答案。

没想到,我女儿的回答让我深受感动。她说:"妈妈,谢谢你告诉我们这些。我们其实已经感觉到出什么问题了,只是还不知道具体是什么。我希望事情可以解决,但对我们来说最重要的是你能过得开心。"我女儿虽然只有12岁,可她却表现得那么成熟和懂事。

简给了孩子们一份最好的礼物——事情的真相。她的做法一方面验证了孩子们的直觉,那就是她和比尔之间的确出了问题,另一方面也打消了孩子们的疑虑,让他们知道事情不是他们的错(一般情况下,孩子们首先会觉得这是他们的问题)。虽然她所说的只是事情的冰山一角,但她成功地让孩子们摆脱了困惑与焦虑。此外,简还做了一件非常棒的事——她让孩子们知道,她会调整好自己的情绪,也会处理好她和他们继父之间的问题。这是她的责任,不是他们的。她没有要求他们站在哪一边,更没有将他们置于两难的境地。

当你正处于情绪的暴风眼中,继续装作若无其事只会让孩子们变得更加困惑,这不仅有损他们的洞察力,让他们不敢再相信自己的直觉,也会让他们对你产生怀疑。

你可以套用简的模板去和孩子们进行交流。如果你的孩子年龄更大一些，尤其在已经成年的情况下，你应该自己决定哪些细节可以告诉他们，哪些细节可以暂时保留。不过即便如此，千万不要把他们卷进你们的纠纷里，更不要让他们帮助你解决危机，那只会让他们感到无所适从和无能为力。

与其他人的关系

创造最佳疗伤环境的另一大前提是处理好你和其他人的关系。

我强烈建议，在第一周中，你一定要坚持自己的意见，尽可能减少和家人、朋友的联系。你的想法和感觉会向你传达很多信息，因此你最好不要被其他人分散注意力。

说实话，我知道那时的你一定倍感孤独，极其渴望获得他人的安慰，但我担心的是，那些出于好意向你提出建议的人会给你大量矛盾的信息。如果你身边有人给你打电话或是想见你，也许你可以这样说：

> 我正在经历一段非常艰难的时期，需要让自己振作起来。过后我会给你打电话的，但现在我需要几天时间独处。

如果你实在难受，就是想找人倾诉一番，请一定坚守几条原则。你可以这样说：

> 谢谢你的关心，但你只要能听我倾诉或是抱抱我，让我哭出来就够了。我哭的时候你也不用管我，我想要的也不是建议，而是自己走出来，我现在做的都是为了这个。

一旦你的情绪环境构建完成，你就可以开始下一个步骤了。

集中精神：寻找内心的安宁

如果你看过暴风眼的图片，你就能很好地理解你接下来为了应对危机要做的事情了。

暴风眼周围的风力极强，破坏力惊人，所到之处只剩一片狼藉，甚至会被夷为平地。但暴风眼内却是另一番景象：那里的一切仿佛都静止了一般，洒下的阳光犹如一盏巨大的聚光灯，照亮了满目疮痍。

我知道，面对伴侣的欺骗，一场激烈的情绪风暴不可避免，这个时候谈寻找安宁、专注自我显得很不合时宜，但其实这再正常不过了。欺骗发生时，谁都会陷入情绪起伏不定的怪圈。此时你内心充满愤怒和惶恐，该怎么才能平静下来呢？你可能已经发过好几次火，狠狠地诅咒过那个可恶的男人了。

但千万不要担心，这不过是人的正常反应。可你一定也不想让自己陷入情绪起伏的漩涡。你也想搞清楚事情的真相，好为下一步做好准备。虽然你还会带着情绪，但你也会掌握这些情绪提供的有效信息，可以做到理性思考。

首先，我希望你先做一件听起来似乎很简单的事：停下来，做几次深呼吸。现在，让自己接受三个关键的事实。无论你属于什么情况，下面三句话对你来说都是真理。你如果想让自己平静下来，可以大声地重复这三句话。

- 我有资格感受到任何情绪。
- 我一定会挺过去的。
- 在做好准备之前，我不需要下决定。

语言的力量是无穷的，不要小瞧了自言自语的重要性。让这三句简单的话成为你第一周的座右铭。

此外，明确地告诉你的伴侣，你不会迫于他的压力而给出一个模糊的答案或做出一个不成熟的决定，不管他是感到困扰还是要求你将计划和盘托出。不要辩解，不要解释。

只需告诉他：

——很抱歉让你不高兴，但我需要时间来整理思绪。
——我知道你不高兴，但这件事已经决定了。
——我知道你不高兴，但我需要充足的时间来决定下一步该怎么做。

我强烈建议你尽可能多参加体育运动。你需要让大脑释放更多内啡肽，以增强愉悦感。一个说谎的伴侣可能会让你心灰意冷、无精打采，只想用被子蒙着头躺在床上，连动都不想动，可这恰恰是最不正确的做法。你如果去健身房，可以利用沙袋好好发泄一下。而且你可以一边运动一边重复那三句座右铭。运动是有节奏可循的，随着动作的起伏，那些话就会一起渗入你的情绪，淌入你的身体，刻入你的脑海。

愤怒：一种可怕的情绪

集中精神的关键就是应对你对伴侣的愤怒。首先，我们来看看人们过去的传统做法。当一个女性意识到自己被骗时，她通常有两种反应方式——发泄或自我消化。发泄指的是试图通过某种行为来暂缓内心的痛苦，通常带有报复心理，但结果会伤人一千自损八百。而自我消化则是将不幸的矛头转向自己。大部分女性只会采用其中一种反应方式，但也有很多女性会在二者之间来回摇摆，直到学会更有效的应对方式为止。

发泄

我们先来谈谈发泄。

如果你选择发泄情绪，愤怒可能会让你做出以下行为：

- 毁掉对说谎者来说非常重要的东西（比如他的车或传家宝）
- 如果对方是有妇之夫，则把你们的婚外情告诉他的妻子
- 到他工作的地方大吵大闹
- 打电话给你能想到的所有人，告诉他们这个男人有多混蛋
- 立刻启动离婚程序

艾莉森发现斯科特出轨后，一气之下毁掉了斯科特的集邮册，还把他的衣服一股脑扔进了垃圾袋。她用夸张而激烈的行为发泄出内心的痛苦，用一时的掌控感让自己暂时摆脱了痛苦。

> 我必须承认，虽然现在我会心生愧疚，但我当时的确有一种疯狂的快感。最糟糕的是我停不下来，就想以牙还牙。但这么做无济于事，我还是觉得难受。

情绪宣泄有时会带来一种宿醉般的感觉，让你在事后产生强烈的懊悔心理，放大你的消极情绪。但实际上，我告诉艾莉森，我们可以在不升级矛盾也不感到绝望的前提下发泄怒火。

艾莉森有很多话想对斯科特说，所以我让她试着把面前的空椅子想象成斯科特，然后明确地告诉他她有多么愤怒。紧接着就出现了下面这一幕：艾莉森一边不断说着"我恨你，我恨你"，一边泪如雨下。

> 艾莉森：虽然我现在恨极了他，可我心里其实还是抱着一丝希望……

苏　珊：现在，你最关注的问题是"我怎么才能伤害他最深"。你能想到什么把注意力转移回自己身上的问题吗？

艾莉森：可以——"他怎么能这么对我呢？"我得说，我就是生气，没办法假装不气。我心里有个声音一直在喊："别想那么多，狠狠报复他！"我不知道怎么能让这个声音停下来。

苏　珊：那就试试这样问自己："我现在能为自己做的最有用的事情是什么？"这个问题会给你什么感觉？

艾莉森：我也说不准，他还没有受到应有的惩罚……

苏　珊：那就把这个问题大声地重复几遍："我现在能为自己做的最有用的事情是什么？"

艾莉森照做后才意识到，把注意力从报复斯科特转移到自己身上后，她才真正地静下心来，终于在数日的黑暗生活中看到了一线希望。其实，只要你愿意，空椅子随处可见，但请记住，关键是要不断地问自己：我能为自己做些什么？然后记下你脑海中出现的答案——因为它们会帮助你放慢速度，让你充分挖掘自己内心的智慧。只要你能做到专注自我，它们就会给你最好的指引。

自我消化

艾莉森是个敢于表达愤怒的人，但很多女性对这种情绪有恐惧感。查字典时，我惊讶地发现，"愤怒"和"生气"这两个词的解释中不乏"一种强烈的情绪""一种受伤后的反应"等表述，都暗示着失控甚至更糟糕的情况——疯狂。难怪有如此多女性会否认或压抑愤怒之情——谁会希望被当作一个胡言乱语的疯子呢？

我经常看到，女性在应对她们的愤怒，尤其是对伴侣的愤怒时是多么胆战心惊。这些年来，我不断听到这样的话：

"我简直要疯了。"

"我会伤害别人。"

"我快被气炸了。"

"我这样太吓人了。"

"没有人会喜欢生气的女人。"

但是怒火必须有个去处,不能被永远憋在心里。它如果得不到宣泄,就会一直留在我们的心里。这会造成多大的伤害啊。

那些没能将情绪发泄出来的女性会转而自行消化它们。她们可能会:

- 一遍又一遍地回想自己被骗这件事,就像在脑海中不断回放电影一样。她们还会试图从中寻找线索和答案——尤其是从自己身上寻找导致爱人背叛的原因
- 吃不下,睡不着
- 心情低落或高度焦虑
- 出现身体不适的情况
- 暴饮暴食
- 无法集中注意力或无法正常工作
- 暴躁易怒
- 终日以泪洗面

读到这里,我相信你已经明白我的意思了。淡化痛苦和愤怒的做法有时候的确可以帮助你避免与伴侣发生正面冲突或产生不快,但代价也非常高。

戴安的丈夫本的一系列糟糕的商业决定几乎散尽了他们的家财,让他们濒临破产。戴安虽然心里早已痛苦不堪,却依然拼命地压抑着自己的怒火。

这些天来我一直戴着墨镜,因为我的眼睛又红又肿。我需要找

人谈谈这件事，可又不知道该从何说起，尤其是在面对我母亲时。我知道我受不了她那种"我早知道会这样"和"我早就告诉过你"的表情。我知道我最好默默承受这些，可我真的太累了。我担心得整夜睡不着觉，翻来覆去。我觉得自己就是天底下最笨的笨蛋——我怎么能让他这么对我呢？

戴安在沮丧和自责的情绪里痛苦挣扎，找不到应对的方式。但好在她没有选择默默承受，而是到我这里来接受治疗，因为她知道自己需要指导。如果说艾莉森需要学习的是如何控制自己的满腔怒火，那么戴安需要学习的则是如何让愤怒得到释放和表达，从而不再将情绪引向自身。

我设置了一个角色扮演的场景，在这一场景里，我扮演本的角色。我鼓励戴安学着用"你怎么能"的句式来对我说 10 句话。实践经验告诉我，这几个字具有强烈的催化作用，能让对愤怒感到恐惧的女性迅速感受到它。

我向戴安保证她很安全，而且我绝不会把她逼得太紧。我告诉她一切尽在她的掌握之中，只要她想，我们随时都可以停下来。这种方式同样适用于你。你如果独自做这个练习，可以像我和艾莉森那样利用椅子当道具，或是用"你怎么能"句式写一封信，无论写完后你是否会读给或寄给你的伴侣。不过，无论你是找可以信赖的人帮忙还是独自完成这项任务，我都可以向你保证，你会像戴安一样真正掌控全局，一感到轻松就能立刻停下来。

刚开始的确如我所料，戴安表现得犹犹豫豫，她的"你怎么能"句式也用得小心翼翼的。但渐渐的，她的表情和语气都流露出了真正的愤怒。

戴安：你怎么能对我说谎，签那些疯狂的订单！你怎么能不说一声就把钱都从银行取走?你怎么能逼我向我妈说谎?

一提到她的母亲,戴安立刻哭了起来。我告诉她,现在不是哭的时候。她是个很容易哭的人。我希望这个时候她能保持愤怒状态,最终她做到了。

戴安:你毁了我们的生活,你这个混蛋!
苏珊:亲爱的,你不知道我有多内疚。我这么做都是为了我们好。请原谅我吧。我发誓,我一定会让我们的生活重回正轨。只是需要一点儿时间而已。
戴安:苏珊,你难道躲在我家里吗?他当时真是这么说的!
苏珊:这让你感觉——
戴安:这让我感觉特别愤怒,我觉得我就像个傻子一样被耍了。

当戴安把心里的怒火通过语言表达出来时,她对愤怒情绪的恐惧也随之大幅减轻。

> 我以前一直以为,好女孩不应该生气,不应该发火。这么多年来,我一直努力让自己保持理性……当一个和事佬,做一个讲道理、懂克制的人。所以对我来说,公开表露愤怒真的很难,即使是对你……但现在我终于发现,原来生气并没有我想象中那么可怕。

愤怒确实没什么可怕的。你会选择把愤怒的矛头转向自己,只是因为不敢面对这类情绪导致的后果罢了。在你看来,发泄的后果比自我消化导致的不可避免的痛苦更可怕。但事实上,愤怒的后果很少会像你想象中那么严重,而认识到这点唯一的方式就是鼓起勇气,像戴安那样做——试着走近你一直以来最害怕的情绪,然后学着将它们释放出来。

当戴安开始应对内心的愤怒后,她才真正感到以往的精力恢复了。曾经,她耗费了太多力气压抑自己,如今她学会了如何直面情绪,而不是一味地克制和隐忍,这让她终于拥有了重建生活的力量。

应对背叛带来的痛苦与愤怒,其实并没有什么灵丹妙药。你需要做的是找到最适合你的方式。也许,你已经向你的伴侣表达了部分或许多情绪——这很正常。在下一章中,我会告诉你怎样表达才是最有效率的。与此同时,用"你怎么能"句式给对方写信,或是对着一张空椅子或伴侣的照片清楚地表达自己的愤怒,是一种对某些女性非常有效的方式。你也可以去参加关于控制愤怒的讲座,或是去打网球,甚至是拍打枕头。你还可以通过写作或绘画的形式来表达你的愤怒。总之,就是要不断尝试,然后找到最适合自己的方法。如果你能更多地通过更加系统化的方式来合理排解心中的怒气,你就不会再胡乱发泄,或是反过来将矛头指向自己。

在集中精神的阶段,最关键的一点就是要克制住自己,不要惹出更大的乱子,更不要通过折磨、摧残自己的行为(不管是生理上还是心理上的)来宣泄情绪。可如果你的这部分情绪被过度压抑或是郁积于内心深处,长此以往,你会感觉自己像缺失了什么,人生不再完整。

所以,今天你就可以给自己一项任务,科学地排解这些有很多副作用的情绪。

承认自己失去了什么

在集中精神这一步,你会发现还有一类复杂而多变的情绪不是伴随愤怒出现,就是紧随其后。其中最显著的一种就是痛苦。

你心中的悲伤之情起伏不定,绵延不绝,时而雄浑高亢,时而低沉微弱,但自从你发现被人背叛的那一刻起,这种情绪就成了贯穿始终的背景音。生气也好,暴怒也罢,如你所见,它们都不与痛苦相斥,而是相互交融。即使你已经学会了走近自己的情绪，表达你的愤怒，可你一定也流过太多的眼泪。

因为那意味着某种消亡——不是某个人的死亡，而是你曾拥有的一段感情的消亡。你们已经回不到从前了。与之一起消亡的，还有曾经的那些希望与信仰、信任感与安全感。一个可怕的谎言会给心灵带去严重的伤害。假如你在谎言中生活过一段时间，最后你很可能会失去自信与自尊。为了治愈痛苦，你必须先对这种种消亡感到由衷的悲伤。

和对愤怒一样，人们对痛苦的反应也各有不同。我能告诉你的是，痛苦难以避免。你需要从中走过，而不是像其他人那样想尽办法绕开它、跃过它或钻过它。痛苦让人如坠地狱，所以我无意责备那些试图躲避的人，但问题是，痛苦根本无法避免——它只能被延迟。可你越晚面对痛苦，它就会变得越深。

给痛苦写一封信

据我所知，帮助你在接下来的几周里正确应对并削弱痛苦的最有效的方式之一，是给痛苦写信。当情绪变得支离破碎、无法忍耐时，当务之急就是给它们找一个合适的容身之所。这封信恰恰如此。它能让你看清自己究竟失去了什么，并给你一个安全而专注的途径来尽情表达自己失去这些后的感受。在此，我将安妮的信分享给你，助你在构思时参考。这是一篇非常棒的范文。

致我的痛苦：

好吧，你还是找上门来了吗？说实话，我并不希望你闯进我的生活，可你还是来了，而且还要待上一段时间。这是为什么呢，难不成是你看我日子过得太舒心了吗？不过，既然你已经来了，我倒不如好好对付你，让你趁早离开这里，因为绝对没有人欢迎你这种客人。

如你所知，我发现兰迪违背了我们的婚姻誓言，辜负了我的信任。我知道很多人都遇到过这种情况，可当它发生在你身上时，你会发现仅仅知道这些根本毫无用处。我不可能轻飘飘地说一句"男人嘛，都是这样的"，因为我真的很伤心。

我把我的痛苦列成一张表：

◇ 我失去了曾经坚信不疑的东西——我以为我拥有一个我可以信赖，爱我、忠于我的丈夫——我为此痛苦不已。

◇ 我失去了对自己的个人魅力和吸引力的信心——我为此痛苦不已。

◇ 我失去了一个特别的人，他对我来说已经变得陌生。虽然我很思念他，可他再也回不来了——我为此痛苦不已。

◇ 我失去了一份纯洁、安定的爱情。如今，这份爱早已面目不堪——我为此痛苦不已。

◇ 我失去了一份天真，当然不是孩子般的天真，而是相信"这件事不可能发生在我身上"的天真，因为它可能并已经发生了——我为此痛苦不已。

◇ 我为失去了一段曾经拥有的感情痛苦不已，但我仍心怀希望，相信自己会遇到新的人，拥有新的感情。我会更加努力，让这一天早日来临。

不过，我现在想正式通知你：痛苦，虽然我知道你还会停留一段时间，但实际上你时日无多了。你休想打败我。

爱你的（没想到我会说爱吧？）
安妮

这封信对你来说有很多可取之处。我们可以看到，安妮开始接受现实，并意识到她的婚姻到了必须重建的时候。同时，对于痛苦，安妮采取了一种坚定的策略，表达了要摆脱其影响的决心。字里行间虽然难掩痛苦，却也不乏幽默和勇气。这不是一个受害者的控诉信，而是一个战斗者的宣战书。

这个时候，你也许会觉得自己没办法变得那么强大。但我可以向你保证，安妮其实也没有她的信里表现得那么目标清晰、勇敢坚定，可她依然给自己设定了一些非常重要的情绪目标。而这些目标，她终将一一实现。

人在陷入痛苦后，很容易产生无法自拔的错觉，但事实往往并非如此。在痛苦难当时，你更要学会善待自己。想哭就哭出来，但也别忘了参加一些可以滋养心灵、有疗愈效果的活动。最重要的是，一定要记住：你比你想象中更强大。我知道这很艰难，但绝对不要一天24小时都沉浸在已经发生的事情里。痛苦终将过去。顽强的精神和坚定的意志力才是你真正的内核。你一定能挺过来。

与恐惧对话

可就在这个时候，一股力量强大的逆流将你拉入了一个黑暗、混乱的地方。这股力量不是愤怒，不是悲痛，而是恐惧。就像在噩梦里，长长的走廊两边立满了一面面恐惧的镜子，每面镜子里都是一张可怕的脸：

- 对变化的恐惧
- 对未知的恐惧
- 对孤独的恐惧
- 对从头再来的恐惧
- 对失败的恐惧
- 对从此难再付出信任的恐惧

也许你会想，恐惧如果有一个清晰的轮廓或是肉眼可见，就不会难以掌控了。但不幸的是，恐惧就像流动的液体一样变化无常。这种难以捉摸的变化能在你需要发力的时候让你失去力量。

当凯西意识到她和戴维的婚姻可能要走到尽头时，她开始出现一些前所未有的症状。

> 我的思绪变得飘忽不定，不时感到心跳加速。我每天有一半时间都处在恶心和难受的状态中，触目所及的每一个地方都让我心痛难忍，孤单无助。可我还得继续工作，天哪，这真的太难了。上班的路上我在哭，回家的路上我依然在哭。我可以应付各种事情，可唯独这件事让我陷入了一个怪圈。我究竟怎么了？

我告诉凯西，她面对的不是普通的恐惧，而是恐惧的最高级：恐慌。以下是她听我说完这句话之后的反应。

> 知道这种情况的名称让我觉得好点儿了。这和真正的惊恐发作不一样，不至于让我连家门都出不去，但又比一般的恐惧严重。我想说的是，虽然我也怕蛇和蜘蛛，但这两者有着很大的不同。这更像我小时候怕黑的感觉。那时候，我真的以为外面有非常可怕的东西，虽然我不知道到底是什么，可是只要妈妈走进来，打开灯，陪我坐一会儿，我很快就不怕了。但现在我的感觉是，根本没有灯可以打开——就好像有什么东西压在我的胸口上，紧紧地把我困住了。

如果你的经历和凯西所描述的这些感受和画面很接近，那么你和凯西一样，也需要找到打开那盏灯的办法——当然，是对成年人而言的。

你现在需要的是疗伤,所以千万不能回到小时候。危机当前,你需要调动成年人的应对机制来渡过难关。孩童时期出现无助感和依赖感实属正常,可现在你一旦将这些感受唤醒,很可能造成不可避免的影响,从而削弱你的应对能力。你如果想,完全可以在这之后去弥补你儿时的遗憾,但现在,你需要学会利用成年人的力量。

我发现,当恐惧变成一团无形的云,威胁着要包围你时,给它点儿颜色瞧瞧是很有效的。你可以照着我教凯西的办法自己来试一试。

我递给凯西一本《国家地理》,让她找一张恰好能描述她所说的压在她胸口的"东西"的图片。《国家地理》这类刊登有动物、形形色色的人物与地点的杂志非常适合用来做这种练习。凯西翻到一篇关于煤矿的故事时,瞬间被上面的图片击中了。现在,我们有了一个具体的形象,就好像在茫茫黑暗中终于有了确切的目标,这样就不会再觉得它巨大无比、难以捉摸。我把这张图放在椅子上,让凯西试着把这口深渊从她的胸口上推下去。我让她先闭上眼睛,然后关掉办公室的灯,接着,我又让凯西尝试与她心中的恐慌对话:

"我喘不上气了——我得出去……"

我先是阻止了她,然后轻轻地告诉她,以免打断她的想象。

"凯西,试着说'我一定会出去',不要说'我得出去才行'。再来一次,看看这次你会不会不那么恐慌。"

"虽然你的存在让我感到无法呼吸,我也知道你想把我彻底吞噬,但我一定会出去的。"这一次,凯西终于露出一丝笑容。"没错,这次感觉要好很多。"慢慢地,凯西开始变得强势起来。"我不想要你,我也不需要你——从我的生活中滚出去!我一定会成功逃出去的。我一定会打开那盏灯的。"

凯西行为方式的转变并不令我感到多么惊讶。她明显开始放松下来。虽然 20 多年来我一直在使用这种方式,但我依然惊叹,用语上的一点点改变竟能对人的意志和观念产生如此巨大的影响。凯西仅仅是

关键时刻 ▶ 第七章 143

用"我一定会"这种更为坚定的句式取代"我得"这种更显慌张的句式,就成功地学会了保持镇定并直面内心的恐慌。

"很好,凯西,"我说,"接下来,我想请你想象一下你开始爬出这个深渊的情景。我知道那里漆黑一片,阴森可怕,但你只需要看着眼前的道路——而不是深渊的全景。你之前做得特别好。日子是一天一天过的,事情是一件一件做的,所以你只需专注眼前。好了,现在你可以去打开灯了。"

我提示凯西,试着想象出两样东西供自己选择:一个可以在黑暗中打开的开关,和一根可以照亮前路的蜡烛。同样,我希望你也可以每天多做几次这个练习。体验黑暗的感觉,感受它如何催生和放大你内心的恐慌,让你感觉自己像个被遗弃的孩子。然后,不管是在现实还是想象中,请你选择旋转开关,打开电灯。这一办法会帮助你找到自己的出路。

把我对凯西说的那些平复情绪的话录下来,在做练习时回放也是个不错的方法。如果自己录音会让你感到不舒服,你也可以让和你亲近并能给你安全感的人来做这件事。

其实,你心中的恐惧就像你的愤怒和悲痛一样,终将走向消亡。但与此同时,你的生活还在继续,所以你需要尽快回到正轨上来。这个世界不会因为你发现爱人欺骗了你就不再对你有任何要求。当然,本书的作用是帮助你重新找到方向。同时,你也可以向心理健康专家寻求帮助或是参加一些互助小组。你需要充分利用一切可利用的资源。一旦你发现自己的抑郁或焦虑开始失控,我强烈建议你去寻求医生帮助。事实证明,一些新药在缓解极端情绪方面疗效显著。当然,我并不是说一个小药片就能解决所有问题,只是近年来开发的一些新药的确可以帮助你恢复正常,让你更快地平复情绪并回到正轨。

我发现,你现在可能还处于茫然无措的阶段,而我向你灌输了太多信息,下达了太多任务。事实上,你不需要把每个练习都做一遍,但我建议你做其中与你自身关系最紧密的几项。不过，这些练习并不会奇迹般地让你彻底康复，也不会让所有的痛苦突然消失。你受了伤，伤口愈合是一个循序渐进的过程，而我们才刚刚开始。

  但是，这些准备工作却可以帮助你在未来的道路上获得更坚定的意志和照顾好自己的能力。借助平复心绪与自我安慰，你对自己展现出了最大的善良、尊重和爱。

第八章 通过对质明确情况

希望你现在已经平静一些了。我知道人在这种时候很容易受到维持现状的诱惑而停滞不前。但在上一章中,学习如何保持平静的目的并非让你自我麻醉,然后和伴侣重修旧好,而是要帮你振作起来,好采取下一步行动:直面问题,或称"对质"。

如果这个词会让你感到紧张,不用担心,你不是一个人。"对质"可以说是最让人感到害怕的一个词,因为大部分人其实根本不理解它的含义,往往倾向于将其与肢体冲突、言语交锋或力量比拼等同。你可能也认为,和某人对质的行为需要你不惜一切代价赢过对方。然而,对质环节需要你们做的并不是决一胜负,而是对你们当前的状态进行一次摸底。

你急需明确你们的关系已经被破坏到了什么程度,是否还有未来可言。接下来,我会教你如何有条理地进行对质,以做到这一点。你会学到如何将心中所想恰当地表达出来,如何倾听并向伴侣提问,直到明确对方愿意采取什么行动。你不必担心难以独自掌握这些强大的新技能,我会清楚地告诉你应该说什么、什么时候说、采取何等话术、如何回应对方的回应、如何获取决定下一步行动的必要信息。我们可以一步一步达成目标。

有焦虑感是正常的

在谈到对质的具体细节前,我想先来回答几个你可能会问到的问题。

简很担心比尔会怎么看她。

> 你也知道,我对自己的工作很有信心。在职场上,我拥有很高的权威。我不怕告诉人们我想要什么,可是……我不知道他是否见过我的那一面。我不想表现得像个泼妇。我觉得我必须换上另一种身份才能这么做。

海伦的丈夫菲尔沉迷于色情聊天室不可自拔,但是海伦却有着另一种顾虑。

> 我早已经和他对质过了。我告诉他,他的行为是多么卑鄙无耻、肮脏下流,他应该赶紧住手。我不知道我还能再说什么了。我甚至已经严厉地警告过他。现在就看他自己的选择了。

安妮的丈夫兰迪曾在工作中与一名女性有过短暂的婚外情,但安妮的全部注意力都在她丈夫的反应,而非她需要为自己做些什么上。

> 我很怕他真的生气。我们目前这种状态看起来不错。虽然我知道我们并没有真的在解决问题,但是事情说不定就自己变好了。他讨厌情感外露,不喜欢别人一直表达。

而戴安则担心自己做得不对。

> 我知道我会搞砸的。如果试着和他谈谈他对我做的事,我很可能会崩溃。我就不能只要求他让我管钱吗?

我们在第二章中提到的古董店主帕特一直在努力说服我,她"没有立场"过问男友保罗和前女友同睡一张床这件事。

你想，我们既没结婚也没订婚，我何必小题大做呢？他已经道歉了，我觉得他是真的感到很抱歉，认识到自己做错事了。我不想让自己看起来像个占有欲强、小心眼的泼妇。

最让人感到不可思议的担心之一当然要数露丝的了。她那功成名就的律师丈夫克雷格背着她一连和多个女人偷情，其行为已经算病态了。

露丝表达了对努力解决问题的强烈渴望。但我还是告诉她，我对克雷格为二人共同的未来做出必要改变的意愿甚至能力都不是很有信心。唯一的一线希望在于她去与克雷格对质，坚持让他接受一些具体的治疗（包括定期参加专为性瘾患者制定的项目）。可说到这里，我能看到她的脸上写满了"是的，但是"。

当我问她为什么对我的建议犹豫不决时，她回答："我相信爱是无条件的，可你却在让我为爱设置各种条件。"

天哪！她的丈夫行为乖张，说过的谎不计其数，看起来毫无道德底线可言，而她竟然还在担心她的爱不可以有条件！

以上所有这些顾虑，包括这些年来我听过的其他种种顾虑，都不过是为躲避正面交锋精心准备的借口。现在，让这些顾虑都见鬼去吧。

- 你只要照着我提供的方式措辞，就绝不会有撒泼的嫌疑。积极主动直面对方，自主决定感情是否需要补救，这本身就不是什么无理取闹的事。相反，这是健康、自爱的表现。
- 仅仅是朝对方大吼大叫是不够的。这样做只会让他产生戒心，让他不去认真听你讲话，也不采取任何行动，因此根本不利于创造解决问题的环境。海伦做的不过是不停地进攻和抨击，这些都不算真正的对质。

- 他是可能不高兴，可那又如何？为了你的个人成长，为了挽救这段感情的可能性，你真的忍不了这些许不适吗？他以前不是没有失望和沮丧过，未来更不免会失望和沮丧。放心，这没什么大不了的。

- 我不觉得你会把事情"搞砸"。很少有对质是"不好"的。你只要鼓起勇气去做，你的自尊就会得到很大提升，而且你只要遵循本章的指导，就不容易失败。假如你在和对方对质时突然感到崩溃而无法继续，你可以先告诉他，这件事令你感到很痛苦、很难熬，所以你需要一些时间重新振作起来。重整旗鼓后，你再回到你想说的事情上去。

- 另外，即使你们没有订婚，没有结婚，甚至没有许下任何承诺，你依然有权利与他对质。难道没有婚约，没有承诺，你就不能质询那些对你撒下弥天大谎的人了吗？难道你就无权受到尊重、被诚实对待了吗？不，当然不。

如果你和大部分女性的心态一样，那么，你很可能花了很多精力去避免和伴侣对质。我想向你保证的是，我知道你现在的处境很难，心情可能非常矛盾，我也知道直面伴侣这件事会让你感到多么焦虑，可你只有真正与他对质，让他知道你的所感与所想，才不会仅凭猜测或直觉判断你们的未来，独自在黑暗中摸索，才有机会确切地知道什么是真实的，下一步该做什么。而最重要的一点是，有效的对质会让你以现实而非希望和恐惧为依据来获取认知，做出决定。

原谅的陷阱

此时你可能会想，为什么我就不能原谅他，然后继续我的生活呢？

原谅是需要技巧的，我们不妨来认真了解一下。你可能会发现，我强烈推崇的一些观点经常与你平时的认知背道而驰。在你的印象中，对伤害进行原谅仿佛已经成了一种硬性的指令，甚至会有人直接告诉你："别去对质，原谅他就行了。"但我发现，不经对质的原谅只是高压下的一种结果，实际上却是毫无意义的。

如果你的伴侣开始低头认错并乞求你的原谅，这种时候，你往往很难抵挡攻势。"请原谅我吧，"他可能会如此恳求，"我再也不会让这种事发生了，我再也不会那样伤害你了。"仿佛只要你原谅了他，一切就好了起来，他从此不再说谎，你们俩就可以依偎着走进夕阳……谁能拒绝这样美好的画面呢？可现实往往并非如此简单。你可能会在短期内感觉好一些，可是那种被欺骗、被背叛的痛苦依然会紧紧堵在你的胸口。

除了他的恳求，你还得面对家人和朋友给的压力。他们希望你俩在一起，却不知如何正确对待你的情绪起伏。"你看，他已经很痛苦了，"他们可能会说，"你真的不能从心底原谅他吗？"突然间，你变成了最大的恶人。除了你挣扎着要克服的那些消极情绪，你可能还会产生一种愧疚感，因为只有你自己知道，你连考虑一下原谅他这件事都要付出那么大的努力。你身边的人甚至还会用一些危言耸听的话来给你内心的恐惧煽风点火：他们会告诉你，如果你不立刻原谅他，后果会多么可怕。在下一章中，我会告诉你如何应对伴侣和周围人的这类反应。

原谅这一词的意义，尤其对那个伤害了你却还未获得原谅的人来说，往往隐含着这样一句潜台词："如果你原谅我，我们就都可以假装我做的事情没有那么糟糕了。"甚至是更令人愤怒的意味："你就不能原谅我，然后忘记这件事吗？"对我来说，这句话的真正意思是"让我们假装没有这件事吧"。

艾莉森想知道，为什么原谅无法在她惨遭背叛后抚平她内心的创伤。

> 我听人说，原谅的作用很大，那我为什么还要做其他事呢？他说他确实认识到了自己的错误，已经吸取了教训，我也在努力地原谅他了——但为什么还不够呢？

我告诉艾莉森，她说的那些的确不够，因为在很多情况下，太快原谅说谎者实际上给了他们更多说谎的机会。从他的角度看，他完全可以做他想做的任何事，就算被揭穿，你也许会难过一阵子，但最终都会原谅他。说谎并没有让他付出太多代价，他也就没有停止说谎的迫切需要。有几个问题可以帮助艾莉森更客观地看待原谅这种行为。我希望你在迫不及待要原谅一个人时，先看看下面的问题清单。

- 如果你马上原谅他，为什么他还要对他的谎言承担责任呢？
- 如果你马上原谅他，你要如何处理自己内心的愤怒和痛苦？
- 如果你原谅了他，这会给他传递怎样的信息？
- 难道他就不该主动做些什么吗？

我还是建议你在决定原谅他之前先读完本书的后半部分。如果你选择原谅，那也应该是在你摸清了自己的真实感受和态度，决定了自己最终想从这段关系中得到什么之后，而不是迫于伴侣、他人、宗教或社会的压力。

循序渐进的对质过程

现在，是时候学习如何以安全、清晰的方式表达你的感受和愿望了。请尽快向自己承诺你会这样做。你几乎会像每个女性那样，发现这件事远没有想象中那么可怕。

你需要选择你觉得最舒服的对质方式，不管是面对面还是书面形式。对质本身就是一件会令人感到非常焦虑的事情，所以把你想说的话写下来是一个不错的办法。你可以把信给他，也可以亲自大声读给他听。无论你有多么能言善辩，在没有准备好的情况下去和他面对面都是一种很不明智的选择，因为紧张和不安很可能让你把想说的话忘得一干二净。

假如你和安妮一样，在伴侣工作时发现了他的弥天大谎，请一定要克制住当场就拿起电话质问他的冲动。上一章中我们已经提到过，不要把对质置于工作之前，何况，你目前还没有什么称手的工具。需要记住的另一点是，打电话是最糟糕的对质方式。因为这种方式非常冰冷、没有人情味，而且对方随时可以挂断。

如果你现在正在接受心理治疗，你可以请你的治疗师帮助你做好对质的准备。

时机是一个非常重要的因素。你需要和你的伴侣一起商议，选择一个干扰最少且你的身心已经恢复正常的时候。也就是说，你可能需要关机免受打扰，然后尽可能把孩子送到亲友家里。我希望你来决定对质的具体时间和地点——因为这也是积极行动的一部分。

选择好时间、地点和方式后，你就可以开始了。

对质时，你首先需要和伴侣就一件事达成一致。你可以对他说：

> 我准备和你谈谈最近发生的一些事。我知道对我们来说这事挺难的，但有些话我不得不说，所以我希望你能先听我说完，不要打断我，也不要反驳我。等我说完以后，你可以尽情发表意见，而且我也保证会认真听完你的话，可以吗？

99%的情况下，对方都会同意。如果他不同意，你可以继续说："我们可以换一个时间，你愿意什么时候这样做呢？"如果他不同意，你就不要着急进行下一个步骤。虽然就算得到他的保证，你可能还是会发现他会在中途打断你，但你可以用这个约定去提醒他。如果没有这个约定，你很有可能会手忙脚乱。

对质的三个基本点

现在，你可以理清思绪、拿出勇气了。根据以下三个基本点，明确你要告诉他什么事情。

- 这是我掌握的事实。
- 这是我的感受。
- 这是我现在对你的要求。

你的目的并不是侮辱或贬低对方，也不是故意与他为敌，尽管这些做法对你来说充满诱惑力。相反，你的目的是通过一步步列举事实，让他明白他与你此刻所处的境地。

第一点：这是我掌握的事实

对你和你的伴侣而言，这是所有问题的基础，也是对方说谎的有力证据。如果你只有怀疑和猜测，那么你根本没有做好和他对质的准备。请继续阅读本章，并请一定阅读第十章中关于怀疑和嫉妒的讨论，这有助于提高你评估这段感情的技巧。

只要你掌握了确凿的证据，无论他是否承认，这种对质过程都会让你在一定程度上判断出他正视自己行为和承担责任的能力。

如果几个月甚至几年前他就开始不断说谎，那么你脑中可能早就有了一长串大大小小的事件；你也可能掌握了一个爆炸性事件——目睹他与别的女人亲吻、接到银行的警告电话、发现他写给某人的情书、看到与他告诉你的个人信息严重不符的文件等。

你可以列出这样一张分门别类的清单：

- 我看到的
- 别人告诉我的
- 你告诉我的和我发现的信息出现矛盾的地方

这些事项越具体越好。如果有些事情已经过去很久了，你依然可以告诉他，你之所以再次提起，就是因为这些事从来都没有得到真正的解决。

就目前的情况而言，这个清单有助于你对客观事实产生一种更直观的感受。你的伴侣也许会矢口否认，也许会淡化事实，但当你把这些信息化为白纸黑字，它们就成了无法抹去的事实。你知道，它们实实在在发生过。

开始练习

如果你发现他说的谎比较新，而且比较严重，就像简发现丈夫没有如实说明婚史那样，那么第一步做起来就会容易一些。

简想继续和比尔在一起，但比尔在非常重要的事情上对她撒了谎，这让她难以释怀。她发现自己不知道该如何处理这种情况，才能和伴侣一起朝着解决问题的方向努力。简其实非常想把心中的感受和渴望告诉比尔，但就像很多人那样，她始终不知该如何开口。

开始时，我们让简针对第一点进行演练，直到她感觉舒服为止。你也可以大声地演练一下。刚开始使用新的沟通技巧和行为方式时，我们都会觉得生硬或别扭，但用多了以后，你会感觉越来越好。

简练习的第一步是如何将她选择的谈话时间和地点告诉比尔,第二步是如何让比尔同意全程不打断她的话。请看简第一步打算如何沟通。

> 比尔,你知道我很爱你,我也觉得我们可以一起渡过这个难关,但我需要和你好好谈谈说谎这件事以及我对此的真实感受。首先,今天我说的都是我掌握的事实。不管出于什么原因,你都向我隐瞒了一件我本有权知道的事。而且当我问你时,为了圆谎,你又编出了另一个谎言。所以我不得不自己去调查真相,看了贷款申请表。这些都是事实,可你给我的解释太过儿戏了,所以现在我非常迷茫。

简在开头先抛出两句非常积极的陈述,一句表明爱意,一句积极乐观,营造出一种良好的气氛,减轻比尔受威胁的感觉,降低他的戒心——这样他也更能听进她后面要说的话。紧接着,简就像1987年的电影《法网》(*Dragnet*)里的侦探乔·弗赖戴一样,只是在不带任何情绪地表达"这就是事实"。我鼓励你像简那样,直接使用"谎言""说谎"这些表达,而不是使用如"掩盖真相""假话""小谎"等更委婉的词。不管在过去还是现在,谎言就是谎言,再委婉、再小心翼翼都改变不了事情的真相。

保持专注

如果你忍受他的谎言很久了,或者你的清单列起来太长了,你可以不用把他所有的谎言详尽地挖出来。凯西和戴维之间的关系远比简和比尔的脆弱,而且凯西根本不确定自己是否要继续和戴维在一起,但她依然决定尽一切努力挽救二人的关系,这是为了等她下定决心结束这段婚姻时,她知道自己已经给过戴维所有机会。

当我和凯西谈到对质时,她说她不知该从哪里开始,因为戴维撒过太多谎,而且每次她在发现后就立刻揭穿了他。不过,每到这个时候,要么是凯西大发一顿脾气,戴维跟着道歉和做保证,要么就是二人互相攻击,最后一地鸡毛。

我告诉凯西,其实他们双方的做法没有一次算得上有计划的对质,她对此表示了赞同。所以我建议她向戴维解释一下,她需要再和他好好谈谈这些事。

下面是我和凯西一起想出的几句开场白。如果你的感情生活里也充斥着大大小小的谎言,那么这个基本框架也同样适用于你,你只需调整几个小细节即可。

> 戴维,我知道我们以前也讨论过这些,但我需要和你一起用一种更冷静的方式再次讨论一下,看能否挽救我们之间的感情。我下面要说的都是我已经掌握的事实。我知道你在财务方面对我撒了谎。我知道你在信用卡申请表上伪造了我的签名。我知道你没有告诉我国税局已经盯上你了。我还知道你对酗酒和参加戒酒会的事说了谎。

在第一步,很重要的一点是要像凯西一样把注意力集中在谎言上,而不是急着表达对你们的关系的其他不满或抱怨。另外,需要再次强调的是,这一步只是陈述你看到的、了解的、发现的和掌握的事实框架,而不涉及你的所感和所想,那是下一步的内容。

第二点:这是你的谎言给我的感受

伤心、恐惧、被背叛、困惑、愤怒、屈辱:这些是你发现伴侣说谎时最常见的感受。但不要因为他看到了你哭泣、喊叫或是闷闷不乐,就以为他会把你的这些情绪表现和他的所作所为联系起来。

将这些情绪表现背后的真相告诉他是你的权利——因为他的行为和你的情绪有着千丝万缕的联系。看到这里，你可能会说："他知道我的感受，我为什么还要再告诉他一遍？"没错，他也许的确知道你的部分感受，但那个时候，他更在意的是他自己的处境，很可能根本没有你想象中那么理解你。他也许知道你在伤心难过，却不知道你早已经怒不可遏，或者反过来。而你由此产生的被背叛、被欺骗甚至被侮辱的感觉，他更是注意不到。

　　记住，我们关注的是感受，不是想法。日常生活中，其实很多人都分不清这两者的区别。我们习惯把"我感觉"和"我认为"混用。随便拿起一份报纸或任意观看电视上的一则新闻，你会很快发现，想法和感受这两者的边界有多么模糊。很多时候，人们会把自己的想法或看法当成感受表达出来，不过大多数情况下，这样做不会产生任何影响。但对质的目的是要让事情变得更加清晰明朗，所以学会区分它们就变得尤为重要。

你的感受是怎样的

　　刚开始帮她理清思路时，我问她，菲尔跟别人在网上进行色情聊天这件事带给她的感受是什么。她这样回答：

> 谈感受我没有任何问题。他的谎言让我感觉他是个完全不值得信任的人，懦弱，没有担当。我感觉他失去了我对他的所有尊重，而且我感觉我也许很早之前就应该离开他了。我感觉他改不了的。

　　她说完这段话时，我问她，如果我说她刚才的叙述里没有一句真正表达了她的感受，她是否会惊讶。她听后一脸困惑。我向她解释说，人在描述或表达自己的感受时，其实只需要一个词，就像这一节开头时我提到的那样。你只要在"我感觉"几个字后面加上一个整句，就从描述自己的情绪变为表达自己的思考了。"我觉得他是个完全不值得信任的人"是一种看法，不是一种感受，海伦后面说的话也是这个道理。

为了让她更好地理解这一概念，我给她布置了几个"补充句子"的习题。首先，我将她的话用表述想法的句型重复一遍，然后让她说出这些想法带给她的感受：

- 当我认为菲尔是个完全不值得信任的人时，我感觉……
- 当我认为他很懦弱时，我感觉……
- 当我认为他已经失去了我对他的尊重时，我感觉……
- 当我认为我也许很早之前就应该离开他时，我感觉……
- 当我深信他根本不会改时，我感觉……

我需要她用一个词来概括自己的感受。刚开始，这的确有些困难，但很快她就知道如何准确地表达自己的感受而非想法了。下面是她给出的答案：1. 愤怒；2. 屈辱；3. 伤心；4. 害怕；5. 心灰意冷。

当菲尔的行为在情绪上深深地影响了海伦后，海伦为保护自己而穿起了坚硬的铠甲。而她一旦开始与那些隐藏在铠甲下的情感建立起联系，她的态度便出现了软化。我鼓励她向菲尔说出这些感受，这样才能打破他们之间的僵局。

当你准备好将内心的感受全部袒露在对方面前时，你也很容易担心他会不会利用这些再次攻击你，或认为你很脆弱、不堪一击。其实，你可能被某种固有的观念束缚住了，认为愤怒要比悲伤强——至少愤怒具有力量。但你能否得到真正的治愈，其实完全取决于你识别、表达和适应自己全部感受的能力——即使是那些让人觉得脆弱的感受。所以，这值得你冒险诚实地面对你的伴侣和你自己。

第三点：这是我现在对你的要求

设定条件——直面伴侣谎言的五个步骤中的第四步——是很多人觉得比较难的一步。"我其实根本不知道自己想要什么！"你可能会这么想。当然，你肯定不想让他继续说谎，也想让自己心里更好受一些。你甚至可能希望对方从你的生活中彻底消失。有时，这可能是你们的关系最好的走向。但因为这个阶段往往也是你感到最茫然无措的时候，你不知道如果你在对质后给了他应对时间，你们的关系将走向何处。所以，你要明确你的底线、要求和期望，列出哪些是你可以接受的，哪些是你绝对不能接受的。这就是设定条件这一步的内容。

立下新约定

我们需要在心中强调的一个词是"现在"。当然，让你现在就明确自己的长期目标还为时过早，这需要经过一段时间的铺垫才能确定。但当下，你的确有比较明确的要求，那么这就是你的起点。如果你想开启这一阶段，你可以这样对他说：

> 我需要你做到以下这些事情，否则我可能难以和你走下去。虽然目前我不会对未来做出任何承诺或保证，但我愿意和你一起努力，看看我们能不能建立一种新的关系。当然，我说的不是回到过去那种状态。我们再也不可能回到过去了，这让我很难过，但我还是愿意尽力尝试一下，看过一段时间后我们能收获些什么。

当然，你可以用你自己的话或任何你喜欢的形式来表达这个意思。这只是一个示例，意在帮你把你想说的话变得更清晰。但我建议你把里面所有的点都覆盖到，不要偏离主题太远。你对自己准备说什么没有明确计划时是很容易跑题的。

一旦你说出这段简短的开场白，你就准备好为你们的新约定制定条款了。不管他说了什么谎，他首先必须做的是承认自己的行为并为其后果承担责任。承担个人责任就意味着他需要承认：

- 他的所作所为
- 他伤害你的程度

伴侣外遇的情况

这份要求清单必须坚定果决、不容妥协，因为这是你用以思考是否要继续维持这段关系的基础。当然，这也许意味着你的伴侣不得不采取一些艰难的措施，比如解雇涉及此事的员工，而且，这也意味着你们双方必须把挽救这段关系视为重中之重，然后竭尽所能，利用一切资源共同努力。但这份清单上的每一项都是不可或缺的。以下各项没有任何商量余地：

- 他必须立即斩断与她（或她们）的一切联系。
- 他必须接受某种形式的治疗或咨询，且你们需要一起进行夫妻情感咨询。
- 他必须重新承诺自己愿意维护一夫一妻的婚姻。
- 他必须愿意与你积极配合，建立一种基于事实与诚信的新关系。简言之，就是不再说谎。

请看艾莉森是如何向斯科特提出她的要求的。

我告诉他，我准备好后会给他打电话的。在他搬去汽车旅馆五天后，我感觉自己有了些勇气，于是我让他等孩子们睡着后过来找我。我告诉他，我没有准备就此放弃，但我也不打算说"没关系，一切都会好起来的"这种话。我先后进行了前两步"这是我掌握的事实"和"这是我的感受",并顺利撑过了这两个阶段——虽然我还是哭了,但没关系。然后我对他说:"现在,听听我希望你做什么。我希望你明白你伤我多深,曾经的我们已经一去不复返了。我希望你亲口承认你和别的女人上了床。而且,那个女人不能继续留在你的公司了,我还希望你向我保证,从此不会再跟她联络。另外,你知道我目前在接受治疗,我希望你也可以这么做。不要说我们负担不起,我们的保险可以覆盖大部分费用,而且如果需要的话,我不介意动用我们的存款。我认为这是我们目前生活中最重要的事。我还希望你知道,你必须停止说谎和欺骗我——你不该这么对待我。"

最好不要说出口的问题

你可能会注意到,艾莉森向斯科特提出自己的要求时,从始至终都没有强迫对方巨细靡遗地描述自己出轨的细节。这正是我希望你向她学习的地方。事实上,他越不说细节,对你才越好,无论你有多好奇。这种情况下,我们往往很容易问出这样的问题:

- 她到底比我强在哪儿?
- 她在床上表现得比我好吗?
- 她为你做了什么我做不到的事吗?
- 她比我更漂亮 / 更年轻 / 更聪明 / 更性感吗?

其实你根本不需要知道这些问题的答案,而且逼迫他回答这些问题对你来说才是真正的自虐。

这种毫无意义的问题还有:

- 你为什么要这么做？
- 你怎么可以这样对我？

不要说你根本得不到答案，就算你能得到，又有什么意义呢？答案改变不了已经发生的事，也改变不了你内心的真实感受。有时，出轨只是你们感情出问题的一个表现，还有一些时候，出轨不过是对方想尝尝鲜的表现罢了。他对你不忠的原因可能有一百种，他可能自己都不知道是哪一种。所以你只需把注意力放在最主要的一点上：你现在想让他做什么？不要过于情绪化，把精力浪费在探究那个女人是不是更有性魅力、胸是不是更大或你伴侣的潜意识如何上。这些信息对你取得最后的胜利毫无帮助，只会把你的伤口撕得更大，让血流得更多。

涉及金钱的情况

如果他最严重的谎言是金钱方面的，那么你的要求清单整体与前面的情况类似，只有个别之处需要调整。同样，他必须为自己的行为承担责任，必须承认对你说了谎，以及他的所作所为给你带来了巨大的伤害。此外，他还必须同意以下几点：

- 当某项支出超过你们达成共识的一定数额时，你需要全面掌握关于这项支出的信息。如果你们手头比较紧，我建议把这个数额设定为100美元；如果你们的经济比较宽裕，可以把这个数额设定为500美元。
- 每个月至少开两次会，一起核对财务状况，告知对方自己最近收入和支出预算如何，以及你们能存下多少钱。
- 公布各自的全部投资、资产、贷款和赠送亲友的礼品情况。
- 公布各自的全部债务、抵押品利息、被抵押物品，以及破产、赡养费或子女抚养费的拖欠等情况。

- 如果他的谎言已经造成了不可挽回的财务损失，而你已经濒临破产或是不得不申请破产，那么除上述所有要求外，他还必须同意把财务交给会计师、理财经理或财务顾问等专业人士打理。如果你没有足够的预算来负担这类支出，你还可以向某些组织求助，他们可能会帮助你应对债务，制订省钱和还款计划。了解一些财务知识会让你明白自己的需求有据可依，让你更有安全感。
- 不再对你说谎。

我知道这些"要求"对你来说有些激进甚至粗暴，尤其是你以前在财务方面一直处于被动的情况下。不过，你如果仔细审视这些"要求"，就会发现它们非常合理和公平。如果你一直不知道你的伴侣是怎么花钱的，你就永远不可能安心。当有一天，你签下支票却被突然退回，或是像戴安一样发现伴侣把你的钱投进了莫名其妙的项目中，又或是像凯西那样发现丈夫被国税局追讨税款……想想这些会令你无比痛苦的情况，那么仅仅是对伴侣提出强硬的要求已经好很多了。

克服悲观情绪

戴安当时完全被本在财务方面编造的谎话击垮了。我告诉她，本这个人行事太过轻率，他的行径和那些重度赌徒如出一辙，光靠简单的心理咨询根本没有用时，她显得非常吃惊。但本必须认识到，他在金钱方面已经彻底失控，所以他不应该继续独身掌管家里的财政大权。

刚开始，戴安对和本对质的结果表示悲观，她很确定本不会同意她的任何要求。

> 跟他对质根本毫无用处。我们结婚以来，他花钱一向随心所欲。为了表面上的和平，我就像个傻瓜一样默许了这件事。而且，我也不想让他觉得我对他没有信心。我还认为一个真正支持丈夫的

好妻子就应该对丈夫进行鼓励。后来我才意识到，我只鼓励了他的轻率鲁莽和不负责任。现在，我要彻底改变过去的想法，我要说"不，我就是对你没有信心，事实上你快把我吓死了"。我知道他不会同意我的要求，他也不会让我或其他人管理钱财，因为他认为这是对他男性身份的挑衅，是对他决定权的威胁，哪怕他的决定称得上疯狂，充满破坏力。

"所以你还有别的选择吗？"我问，"你不能再这样下去了。就算你努力摆脱了这场危机，他的自负和自命不凡的作风还会给你们制造新的危机。"听了我的话，戴安略带悲伤地点了点头。

我又告诉戴安，她对本的反应的预判很可能是正确的。有些男人在面对改变时会用身体的每个细胞表示抗拒，会说你的这些限制和要求简直是对他们的阉割。但你如果不试一试，又怎么会知道结果呢？你的力量远比你想象中大得多，不要害怕使用它。他很可能并不想失去你。如果对他来说随心所欲地花钱比让你恢复内心的平静和重建这段关系更重要，这个事实你早点儿知道比较好。

戴安和很多女性一样，在面对伴侣的谎言时可以在如下选项中做出选择：

- 愤怒地离开，却永远不知道事情是否可能有转机
- 继续默默忍受，却永远不知道何时会出现下一个谎言、下一次背叛，自此产生阴影
- 采用恰当的方式与其对质，根据他的反应来判断二人的未来

那么，你认为哪一种选择最好呢？

涉及成瘾行为的情况

很显然，如果你的伴侣吸毒或酗酒且不接受治疗，那么，你们的生活中会充斥着一个又一个谎言。当你打算和有某种成瘾行为的男性对质时，你绝对需要在他头脑清醒时进行。和前面的情况一样，你也需要把你知道的一切和你的真实感受都告诉他，但是，关于"这是我现在对你的要求"这一点，还有以下内容需要着重强调。

- 他必须立刻加入互助会并定期参加相关活动来达到戒断的目的，这是你同意继续维持这段关系的条件。此外的任何方案你都不予接受，无论是治疗、冥想、占卜、锻炼还是仅寄希望于增强意志力。这些方法本身没问题，但不能控制他的成瘾行为。如果他不参加互助会，或他只是为了安抚你而只去过一两次就退出了，那你们的关系将很难维持，你更难和这样的男人继续生活。科学研究已经证明，心理治疗对大部分成瘾者无效。也许你想试试这种疗法，但一定要记住，不管采用哪种疗法，在开始前，他必须满足远离成瘾物品并保持清醒至少三个月的条件。
- 除了你要求他做的这些事以外，为了你的健康，你也应该加入专门为成瘾者家属创办的组织，如酗酒者家庭互助会或吸毒者家庭互助会。成瘾者的世界充斥着误解和迷惘，没有相关协会的支持，在独自面对这些根本无从下手的事情时，我们很容易产生情绪方面的问题。即使你准备结束这段关系，我依然强烈建议你加入这类协会，因为专业人士的指导会帮助你对自己有更深入的了解。

其他谎言的情况

男性最常见的谎言可能是关于性、金钱和成瘾的，而这些也是最能引起情绪失控的问题。不过，你可能还会发现，在日常生活中，他们的谎言并不仅限于此。而且，他们还会捏造其他人的经历。本书已经提过，有些男人会就过往经历和家族史说谎，或隐瞒他们不想让当前伴侣知晓的婚史。你的情况也许很特别，但不管伴侣的谎言如何，你都要用同样的方式去对质。

记住，你要让他承认他说了谎，欺骗并伤害了你。如果你们还想有将来，你需要他停止说谎，需要他告诉你过去和现在的所有真相，需要他给你足够的尊重。

对质将赋予你意想不到的力量。只有知道自己已经有勇气说出事实并向那个男人提出要求，你才能真正走出这段被伤害的阴影。采取行动而不是被动地等着他对你说什么或做什么，会极大地提升你的自尊，也会彻底改变你们之间的状态，使其朝更好的方向发展。同样重要的是，对质会让你对伴侣和你们的关系有更深刻的了解，也让你由此可以做出更合理、更成熟的决定。

第九章 应对对方的反应

在理想世界里，当你与伴侣对质时，他应该静静地、若有所思地听着你对他说的每一句话，然后对你说："对不起，我从来不是故意伤害你的。我知道我就是个该死的混蛋。你要求我怎么做，我就怎么做，和你一起建立一段全新的、更好的关系。我会去看心理医生，去接受夫妻情感咨询，去做你要求的任何事。你任何时候想跟我谈这件事都可以，我会认真聆听，绝不会有防御心态。我答应你的所有要求——我知道这些要求都是非常公平、合理的。除了这些，你还有什么需要我做的吗？"这些听起来很好吧？当然了，可现实世界并非如此理想，他也不可能如此完美——你也一样。而最不幸的是，他的反应往往和理想情况相去甚远。

但这并不意味着你就该低估对质的力量。你已经为开启一种全新的对话和谈判模式定下了基调，这种模式会引导你走进一个全新的世界。他可能从未见过你用如此重点明确、直截了当的方式表达想法，而通过这样的方式，你已经为你们即将开展的重要工作营造了最好的氛围。

对质的第二个部分

你已经表达了你的想法。你说出了你掌握的情况和对他的要求。现在，你需要应对的是对质的第二个部分——伴侣的反应。此时，你需要立场坚定地在接下来的交流中支持双方展现出诚实的态度、开放的心态以及你想得到且理应得到的尊重。

当然，在你和他对质时，你的伴侣感受到的威胁很可能比你发现他说谎时更强烈。为避免让自己看起来很窘迫，大多数男人会不择手段。他也许会感到愧疚、脆弱、难堪，甚至是屈辱。他也许一时很难接受这种转换，不喜欢被这样直截了当地质问。他失去了平衡，所以比起如何回应你的话，他更在乎如何重新站稳他的脚跟。因此，他可能会采取与你刚开始发现他说谎时一样的策略，只不过多了些新花样。比如，他可能会再次：

- 尽力淡化他的行为的后果
- 为他的行为找借口，责怪你或其他人
- 激起你的同情心

他还可能会：

- 认为自己已经道歉，希望你主动既往不咎
- 默默不执行你的部分或全部要求
- 对你提出这么多要求表示愤怒，指责你企图控制他

在一些极少数的情况下，有些男性曾经用过抵赖这一招，如今会再用一遍，哪怕面对的是铁一样的事实。

但这一次，你已经和当初那个刚发现他说谎时的自己彻底不一样了。别忘了，通过前期的规划和对质，你已经理清了头绪，做好了准备。你已经清楚自己想要什么了，大量的准备工作已经为你奠定了良好的基础，你会发现他的那套旧说辞对你起不了任何作用，那套刺激人的老办法再也不能把你推入迷雾重重的深渊。现在的你早已和从前大不相同——你已经以一种全新的面貌苏醒，无论面对的是他过去那些谎言给你造成的影响还是未来会发生的事，你都做好了迎接它们的准备。你可

能还会感到些许害怕或不安，但现在的你已经是一个更强大的你了。

全新的沟通技巧

当你的伴侣对你的质问做出回应时，不管他使用什么技巧，你都不能闭嘴听他单方面说话。你要极其认真地听他说了什么，不要放过任何含糊不清、暧昧不明的答案。这很重要。

为了帮你做到这一点，我想教你两个简单的沟通技巧：理清事实和重新释义。理清事实可以让你避免错误的假设与误解。请看下面的几个例子：

- 我不太明白你刚才说的话。你刚才的意思是……？
- 你是说……？
- 我不太明白你的意思，能帮我解释一下吗？

重新释义是指用你自己的话复述对方的意思。重新释义和理清事实一样，可以帮你避免很多误会，同时也能让对方知道你确实在听他说话。当你使用这一技巧时，你可以这么说：

- 换个简单的说法……
- 所以你刚才的意思是……
- 如果我没听错的话……

当我们没理解对方的话时，大多数情况下，我们习惯听过就算。你心里也许会想"我想知道他那句话到底是什么意思"，但不会真让对方停下来解释清楚。所以，只有全神贯注地听对方究竟讲了些什么，然后认真明确你没有完全理解的地方，才算真正的积极倾听。

我知道这样专注地听一个人说话非常累，但只有这样做才能给你一个坚实的立足点，让你有据可依。这样做还能让你把注意力放在你最应该放的地方——对方身上，而非你自己或你的焦虑上。你一旦把注意力放在他的回应上，对你自己的恐惧和不安的焦虑自然会减少。

你可以通过练习，把这些技能转换成你自己的工具，应对他顾左右而言他的抵赖大法。

如果说谎已经成为他的习惯，你对他控制你的手段很熟悉，可能会害怕他再次让你为他所用，这种担心可以理解。但如果这是你第一次发现他在重大问题上说谎，你可能根本不知道他会怎么反应，也不知道哪些话可信。无论你属于哪种情况，我都会帮你做好应对一切可能反应的准备，让他看到你的表现就能明白，他必须认真对待你说的话，以及，他过去的那套招数已经彻底失效了。

弱化谎言

放眼全世界，婚外情、被退回的支票、隐瞒的婚史这些个人问题和战争、瘟疫、大规模杀伤性武器比起来真有那么糟吗？其实，只有你的伴侣希望你这样想。他把他给你造成的伤害说得像剪纸那么轻松，不过是在弱化他的错误的后果罢了。毕竟，他又不是什么连环杀手，何况他还做了那么多美好的事。

你一听到他承认说谎，就激动地把注意力全部放在"是的，我说谎了"这句话上。虽然他没有急于否认他的行为，但你也不要忘了关注他后面说的话。一定要注意那些听起来像在承担责任，实际上却在逃避事实的话。他只是在通过弱化他的所作所为来达到暂时安抚你的目的。

如果他最严重的谎言是关于出轨的，他可能会使用一些非常典型的借口来为自己辩解：

——对，我是出轨了，但那只是碰巧发生的。（根本不是我的问题，我们不过是莫名其妙地上了一次床。）
——是，我和她睡了，但当时我喝醉了。（用醉酒做借口。）
——是，我知道我伤害了你，但我也不知道我究竟是怎么了，我可能真的疯了。（用精神问题做借口。）
——这件事跟你没关系。（你不该知道这件事。我觉得你不知道就不会受伤害。）

如果对方使用这些话术来削弱他给你带来的伤害，你应该这样说："我希望你能明确承认以下几点。第一，你和其他女人发生过关系；第二，你背叛了我；第三，你对我撒了谎；第四，你深深地伤害了我，但你却没有意识到这件事有多严重。"

你要指导他怎么做，要求他亲口把这些话说出来，别害怕。他就是应该老老实实地告诉你真话，不掺杂任何借口或免责声明。上一段中的这些句式都非常简单、可信，你有权要求他们说这样的话。

如果对方主要在金钱、成瘾行为等方面说了谎，你要注意以下这些话术：

——我不知道你为什么要这么小题大做。
——你反应过度了。
——大家都这么做。大家都喝酒／都吸可卡因／都有几段风流韵事／都有透支的时候／都或多或少隐瞒过自己的过去。

根据你们各自的具体情况，告诉对方，你想听他这样说：

——我承认我花钱的时候有些冲动 / 我承认我在金钱方面骗了你 / 我承认我在这方面不够负责任。

——我承认我对自己的过去说了谎。

——我承认我严重酗酒 / 沉迷毒品。

——我承认我没有定期参加互助会的活动 / 治疗。

在他承认了他的所作所为后,你需要让他继续承认他的确对你撒了谎,以及他深深地伤害了你。

用玩笑避重就轻

在刚开始倾听对方回答的时候,你要充满信心,相信他一定会认真对待你和你提出的要求。另外,现在不是开玩笑的时候,所以你要格外注意对方用所谓装可爱的话术来弱化他的错误、试图赢得你的原谅的行为。

多年来,兰迪一直靠施展魅力来化解他和安妮之间的矛盾,所以这一次,他想当然地认为这一招还能奏效。

当我告诉兰迪,我希望他做的第一件事就是为他的出轨行为负责,并承认他深深地伤害了我时,他先是表示这完全可以理解,但他却没能像成年人那样好好说出来,而是露出一副他知道会让我心软的调皮模样,低下头说:"我是个坏孩子。"我觉得他可能是想让气氛轻松一下,却不知道这种行为只会让我更生气。我告诉他,我没杀了他就算他幸运,而且他根本不是什么坏孩子,而是个十足混蛋的成年人,他最好给我认真起来!

在危机时刻,又急于自保,兰迪当然会采用以前那套屡试不爽的招数——扮演一个一边撒娇一边认错的小男孩。但这一次，他不仅低估了安妮的强硬程度，更低估了安妮的愤怒值。她不会让他继续用这种伎俩蒙混过关，所以他不得不老老实实坐下来，开始和安妮认真对话。

这里还有其他一些类似的例子：

—— 是魔鬼让我这么干的。
—— 那天一定是满月，所以我才会精神失常。
—— 你知道的，哪个男人不是这样？
—— 情况本来可能更糟。我说不定会成为开膛手杰克。

如果对方像这样回答你，你可以先对他说，你知道他多少有些尴尬，但这种时候开玩笑只会让事情变得更糟。但如果他说只有开玩笑才能让他承认他所做的一切，那你就应该及时向他表明，你没有跟他开玩笑，同样，他也不该继续跟你开玩笑。

推卸责任

除非他真的很迟钝，否则他通过你说话的语气就应该明白，这种公然将他犯错的责任推到你身上的做法根本毫无用处。但这并不意味着他就不会再用"都是你逼我的"这套说辞来推卸责任。他的措辞可能变得更微妙、更不易察觉，甚至披上了他"愿意承担责任"的外衣，所以你还需多加小心：

—— 我这么做是因为你……
—— 如果你能更……一些，我就不会……了。
—— 都是因为你……我只能这么做。

如果再补充一些内容，还可以扩充成以下句式：

——没错，我确实出轨了，但你也应该搞清楚你扮演了什么角色。我只是觉得自己得不到理解。你总是那么忙，整天忙着做你的工作／照顾刚出生的孩子／帮你自己的母亲／做慈善……

——是的，我确实说谎了，但你也太唠叨了——喝酒真是我唯一的乐趣了。

——是的，关于这次投资我的确说谎了，我知道你很生气，但我这么做都是为了我们共同的将来。谁让你总是畏首畏尾，一提到钱就歇斯底里——要是都听你的，我们永远别想发财了。

面对身边人无休止的指责，我们常常会被强烈的自我怀疑支配，甚至会感到崩溃。过去，每当他对你横加指责，你就会自动退让求全，所以你可能到现在还会有这种条件反射。但要记住，人的变化不是在一夜之间发生的。我们很容易受到伴侣的存心诘难，说我们不够性感、不够聪明、不够体贴，把他们说谎的根源归结于我们的不完美。这种指责甚至是有些道理的。但你要时刻牢记这条真理：不管你是什么样的人，做了什么样的事，这些都不是将他说谎的行为合理化的原因。

现在，我要你向自己保证，绝不会再被他推卸责任给你的伎俩迷惑。当他指责你，你要学会使用一种更有力、非防御的方式应对。我知道这些说法听起来比你的实际感觉强烈得多，不过这很正常。你越能熟练地用这些充满力量的话去回答他，你的自信提升的幅度就越大。比如，你可以用下列任何一种方式去回答他，当然也可以用上全部：

——我们谈的是你说谎的问题，不是我的缺点。

——说谎是你自己选择和决定的。

——你本来有很多选择，比如告诉我你感到困扰，我们一起努力寻找解决方式。

——我不打算为你的行为负责。

尽可能多地练习使用这些句子，你可能会慢慢发现，这些话会让你变得更加坚定。注意，这些话其实并不带有多强的攻击性或恶意，它们只会帮你划清界限、明确责任，让你知道哪些是你应该负责的，哪些是你不该负责的。

最令人感到悲哀的莫过于你看到一个早就成年的男人竟然像小孩一样把自己做错事的责任推到其他人身上，而不是勇敢地站出来承担后果。

面对艾莉森的质问，斯科特刚开始表现出愿意为婚外情承担全部责任的态度，但后来却神不知鬼不觉地将责任推到另一个女人身上。

起初，他说的就是我希望听到的回答，但后来，他却话锋一转，说："我知道我那样做不对，但是她对我死缠烂打的。"放在以前，我很可能就信了他的话，但这一次，我坚持了自己的立场。我用重新释义和理清事实的方法告诉他："好，那么你来看看我的理解有没有问题。你的意思是，那个女人勾引你，你没有办法，所以才答应了她，对吗？可你这样说真的让我很难受，斯科特。听起来就好像你不用为你的决定承担责任一样。"

一旦对方使用推卸责任这招，你就应该像艾莉森那样及时把责任推回去，让他知道：首先，你很感激他能和你一起面对问题；其次，不管别人如何引诱他，他能被成功诱惑，都是他个人选择的结果。

当然了，出轨这种事一个巴掌拍不响，对那个女人来说，和有妇之夫发生关系的确是个不明智的选择，但这并不代表斯科特就不需要为他自己的选择负责，因为正是他的所作所为深深地伤害了他的妻子。在艾莉森的坚持下，斯科特终于承认了这一点，并同意接受心理咨询，于是我把他介绍给了我的一位同事。他们最后能不能继续在一起还不可知，但斯科特愿意做出改变，艾莉森也提出了明确的要求，所以我认为他们还是有很大希望的。

如果你的伴侣认为自己在金钱、药物滥用等方面的谎言都是别人的错，别忘了提醒他，他是个有独立行为能力的成年人。不管别人对他施加了多少压力，让他肆无忌惮地花钱、喝酒、熬夜、胡乱投资，最后做出错误决定的都是他自己。

对质并不意味着要责难对方。责难只会起到相反的作用，通常会让你失去解决问题的机会。记住，你给出怎样的反应，就会如何助长对方的行为。如果你接受他的指责，你就教会了他在说谎被抓时逼你退让。相反，当他发现转嫁责任根本行不通时，他才可能彻底放弃这一手段，甚至开始愿意为他的所作所为埋单。

利用你的同情心

如果对方非常擅长在遭受威胁时扮可怜，那么他的反应你应该很熟悉了。面对你的质问，他会无视你的要求，然后用眼泪和哀求来打动你，或者表现出一副灰心丧气的样子，甚至用自残来要挟你，直到你答应永远不离开他。比如，他会说：

——你知道没有你我活不下去。
——这简直是在要我的命。
——我是对你说了谎，但那也不代表我有多十恶不赦，你怎么能这么贬低我？
——我真的很难过。

——我这辈子从来没感觉这么糟糕过。

这种时候，你可能会被吓到，放弃寻求解决此刻危机的方法，回到对方的怀抱中。至少他在说这些话时心里是有这种打算的，尤其是在这招过去就屡试不爽的情况下。记住，他其实不一定清楚自己这样做是在控制你——他可能只是条件反射地做出了习惯性的行为，因为以前他就是这样摆脱麻烦的。

而且，看到一个平时并不轻易表露真情的男人变得如此沮丧，会令人感到更难过。你的第一反应可能是去安慰他，然后你就忘了原来的目标了。所以你一定要抵抗这种攻势，用温和而坚定的语气告诉他：

——我知道这让你很难过。但如果你不答应我的这些要求，我们就没办法一起往前走。
——让你这么沮丧，我很抱歉，但其实我又何尝不沮丧呢？所以先按我说的做，只有这样我们才能一起渡过这道难关。

"说了对不起还不够吗"

在很多男性看来，认错就等于得到了原谅。他们不敢承认自己说了谎，更不愿为此道歉，却希望得到最好的结果。而且，他们常常觉得只要承认了错误，事情就算结束了。

在第二章中，我们已经见识过很多会为自己的行径诚心悔过的男性，但有些人会把这种忏悔当作允许他们继续说谎的通行证。戴维就是这样一个善于耍弄骗术的高手，他道歉和忏悔过无数次，却没有一次遵守诺言，不再说谎。凯西在准备与戴维对质前还在问我，就算有了更加具体、更系统的要求，这次真会有什么不同吗？

我让凯西试想一下，戴维为了立即得到原谅会说些什么。以下是凯西的回答：

——对不起，我说谎了，但我爱你，我以后再也不会这么做了。我们现在就当这件事已经过去了，好吗？
——那你想让我怎样？没完没了地给你道歉吗？
——我说过对不起了，然后还能说什么？

我告诉凯西，这些都是非常典型的操作，目的就是让她为对他太强硬而感到内疚。所以，我让凯西再仔细想想，她到底该如何应对这样的回答。于是，凯西给出了她的想法。

戴维，你不需要说，而是需要做，做我给你列出的那些事情。还有，你不要再抱怨个不停了，搞得好像你受了什么迫害一样。要知道，我才是这件事的受害者。按照流程，你需要做出实际的改变，而不是停留在口头道歉上。过去，我对你的道歉和忏悔总是照单全收，但以后我再也不会了。那不过是些空话，如果你的行为没有持续而明显的改变，所有的"对不起"都没有任何意义。我希望问题得到解决，如果可能的话，我愿意给你时间，但我不会无限期地等下去。现在就看你怎么做了。

"我觉得不错。"我对凯西说。

要想重建关系，你就必须对你的另一半提出更高的要求。你需要他给出他有意愿做出改变的证据——就像为承诺预付定金一样。你需要的是实际行动，而不是几张空头支票，就算他的话听起来再真诚、情感再真挚，你都要学会不为所动。

"对，但是……"

如果他承认自己欺骗了你，背叛了你，说愿意为此承担责任，并保证永远对你诚实，还发誓以后绝不会再说谎了，然而只能同意你的部分要求呢？比如，他会说他愿意做任何事，除了接受心理咨询，不管是他自己去还是和你一起去都不行；或者，他同意放开家里的财政大权，但拒绝找理财顾问，然后向你保证，没有外界的帮助他一样可以处理好这些事情。如果出现这种情况，你该怎么做呢？

当对方同意你的大部分要求时，你可能很容易做出让步，而且我知道，你担心坚持让他同意你的全部要求会显得太不讲道理。所以面对这类情形时，有以下几条建议可供你们参考。

- 如果他的问题是出轨，那么你提出的要求中没有任何不合理或过分的地方。如果他不同意接受所有的要求，你的措施是无法得到落实的。如果他除了接受专业帮助，其他要求都能答应，你也不能让步。专业的心理咨询并不需要你花几千美元进行十年治疗，而可以是专门应对危机的短期疗程，你需要的是专业的沟通和行为指导。你的伴侣同样需要找出自身的问题所在，明确自己选择出轨的深层原因，对自己有更深刻的认识，这样才能在以后的道路上走得更好。我强烈建议你告诉对方，接受心理咨询这件事没有任何商量的余地。
- 如果他的问题涉及毒品或酒精，那么他必须定期参加治疗。你要告诉他，他必须答应这么做，否则你就会头也不回地离开他。
- 如果他的问题涉及钱，你可以同意暂时不找信贷顾问，除非你已经严重负债且看不到任何希望。你可以同意给他30天时间，看他能否改变自己在金钱方面的态度与行为。如果他还是一味独揽财政大权，不肯放手给你，那么你们的关系依然没有进步。这种时候必须进行外部干预。

记住，现在你拥有不少筹码。不要怕展示强硬态度。就算他想逃，就算他不想直面他自己，你也要坚守立场。

当他以愤怒回应

对质时最坏的一种情况，就是你的伴侣把这种对质当作攻击你的契机，逼你让步。记住，你的变化可能会让他感受到威胁。如果他性格暴躁，你一定要做好充足的准备。

当戴安提出未来的理财计划时，本表现出的愤怒是戴安之前未曾见过的：

> 他说话声音本来就大，但这次他完全是在对我大吼大叫。他说只要他愿意，他可以把钱全给他的女儿，他还说不管是我还是什么该死的信贷顾问都没权力指挥他什么钱应该花，什么钱不该花。
> 　　我也不知道我哪里来的勇气，反正我就像我们练习过那样告诉他，如果他不冷静下来，我就没办法继续听他说话。说完我就走出了房间。他看起来非常震惊，因为以前我从来不会这样。我也很希望我当时真能做到完全的冷静和自信，但我确实没有。我当时非常害怕，心脏怦怦直跳，根本不知道接下来会发生什么——当时的情况对我来说完全是陌生的。

戴安触动了本的某条神经，让本一想到自己不能独掌财政大权就觉得受到了极大的威胁。于是本勃然大怒，企图恐吓戴安。

我告诉戴安，我们采取一种全新的行为方式时，一定会觉得有些不适，原因很简单：因为陌生。我们无法确定将来会发生什么。如果戴安还像过去一样选择阻力最少的那条路，轻而易举地让本摆脱了麻烦，短时间内，她的感受肯定会好一些，因为她能预料到后面的事情——本应该很快就会平静下来，然后他们会恢复以前的相处模式。

但这一次，戴安不想背叛自己，也不想背叛我们前面付出的所有努力。她决定像我们每次尝试新行为方式时那样努力忍耐所有的不适。有了不适，才恰恰说明我们做对了。过去那种不正确的行为方式的确会让人感到舒适，而全新、高效且强硬的行为方式却总会让你走出舒适圈。但你只要坚持下去，就一定会看到真正的变化。

戴安把愤怒的本抛在一边后，本却跟了过去，表示愿意用更理性的方式和她对话。看到戴安这次如此认真，本终于意识到如果他还不放手财政大权，他之前的种种行为会让他失去更多东西。最后，他终于同意了戴安提出的所有没有商量余地的条件。

但不是每个生气的男人都会因为你坚持了自己的底线而平静下来，变得通情达理——我不能向你做出这样不负责任的保证。如果你的伴侣非常易怒，可能你连想说的话都没说完，他就大发雷霆了。如果他因为你对他提出这么多要求或是觉得你揪着这件事不放就开始对你大吼大叫，那么在他彻底冷静下来之前，你一定不能继续跟他对话。

如果这样还不管用，我强烈建议你向戴安学习，直接告诉他"我不想被吼"，然后走开。我知道，那个时候你可能会觉得心灰意冷，所以我不会怪你。如果你告诉他他不应该对你大吼大叫后，他语言或情绪上的攻击没有因此减少，反而变本加厉，你就要问问自己：

- 你和这样一个欺骗了你还不愿意听你说话的男人在一起会有未来吗？
- 你和这样一个欺骗了你，在你努力挽救你们的关系时还要恐吓你的男人在一起会有未来吗？

- 你和这样一个欺骗了你又不尊重你的男人在一起会有未来吗?
- 你和这样一个欺骗了你还不愿意和你一起努力改善关系的男人在一起会有未来吗?

遗憾的是,这些问题的答案都是否定的。

警告:

不要和有暴力倾向的男性对质。只要他对你实施了暴力,无论是以何种形式,你都应该在事情发生后终结你们的关系。如果你现在还和一个打过你的男人在一起,你最该担心的是他会不会再打你,而不是他会不会再说谎。你还需要立刻接受心理咨询,不要让自己沦为一个可怜的牺牲品。

当他全盘否认

就算再确凿的证据摆在眼前,有些男性(当然不是大多数)还是会全盘否认你发现的事实。

不过,你不需要强迫他认识到自己说了谎,这一步必须由他自己迈出。我觉得你可以给他一点儿时间,比如一天或者两天,等他主动承认。但是,他需要负责这一点是绝对不能让步的。你要么努力做出改变,开展一场理性的对话,要么接受残酷的现实,在这段关系和积极的心理状态间做出抉择。

如果在你和他对质后,他依然选择全盘否认,那么,他其实已经为你做出了决定。在这段感情里,他不愿意付出诚实和尊重。一段感情如果连这两个最基本的要素都无法满足,又何谈真正的亲密呢?

对方在面对你的对质时的反应会给你提供大量的信息,足以让你判断出这段关系能否起死回生。但你需要足够的时间和耐心才能找到答案。

记住，没有什么是一成不变的。如果对方没过多久故态复萌，或者未能兑现他的承诺，那么你随时可以改变你的决定。当你进入人生的这一新阶段时，放心，你会有足够的时间去适应你的伴侣身上和你们的关系中发生的新变化，更重要的是，你自己也会有所改变。

第十章　假如你选择留下

如果你的另一半愿意接受你重建关系的要求，你可能会感到如释重负甚至心生喜悦。你虽然正处于人生的十字路口，但似乎还有机会从头再来。可当你发现你已经失去了珍贵之物时，随之而来的痛苦、猜忌、怀疑和悲伤之情冲淡了你心中的希望，你终于意识到说如释重负还为时尚早。坏消息是，你曾拥有的那种天真、单纯的信任已经一去不复返了，但好消息是，你会获得一段更理性、更坦诚的亲密关系。

但其实很少有人知道如何应对一段充斥着谎言的关系，所以接下来的几周乃至几个月都至关重要。本章中，我将给出新的方法，让你和你的伴侣重新回到正常的日常生活中，既不会让你们重蹈此前关系的覆辙，也不会让你踏入妨碍你在遭受重创后努力重获尊严的迷局。

当你思考你未来真正想要的东西时，我会帮你通过实事求是的视角看到这段关系中日渐发生的变化。记住，与说谎者正面交锋后，你需要做的唯一决定就是给这段关系一点儿时间。只有时间能告诉你，你和他能否重归于好，然后再次并肩前行。

未来如何并非完全取决于他

在对质后的最初几天，你可能觉得你已经把你能做的一切都做完了。你为此付出了大量努力，既诚实又勇敢，还学到了很多新的沟通技巧，所以现在你终于可以暂时松一口气了。毕竟，他才是过错方，才是那个需要重新获得你信任的人。不管你有什么缺点或瑕疵，你终究是受害者，你被伤害、被欺骗、被隐瞒，内心遭到了毁灭性的打击。所以，别人还能要求你什么呢？

但我很遗憾地告诉你，对质结束并不意味着你的任务就完成了。实际上，你才完成了重建过程的 50%，而这 50% 也不止步于制定几个规则，然后等着你的另一半来证明他真心悔过。

安妮在和兰迪对质并获得他积极反应的几个星期后发现，把责任都推给对方这件事的诱惑力是多么大。

> 事情变得很奇怪。我俩之间的气氛很僵硬，很不自然。他既紧张又内疚，而我变得很喜欢讽刺他。我当时特别想说："你这个混蛋。我已经尽力了，现在轮到你向我证明你已经改了。我等着瞧呢。"那一刻我有了一种我才是老大的快感，但其实婚姻不该是这样的。

"这种诱惑是不容易抵挡，"我告诉安妮，"在完成对质后进入休战和评估阶段时，很多女性会犯的一个最大的错误就是停在原地不动，包扎伤口，看对方有没有做错事，然后等着对方向她们证明自己已经变了。"

你也许像安妮一样，认为你的任务已经完成了。你撒下了种子，现在就等着看它们会开出什么样的花来。也许静静地坐在原地等待对方主动来消除你心中的猜忌和疑虑听起来是很诱人，但这无疑是自掘坟墓。他当然有很多事情要做，但你也需要积极地参与进来，营造出一种这段关系一定会向着更好的方向发展的氛围。

当然，最有效的方式就是合理利用并适当完善你在对质过程中学到的沟通技巧。同时，我会再教你一些方法，这些足以为你接下来的路保驾护航了。

如履薄冰的关系

安妮所说的紧张和焦灼其实是非常典型的对质后遗症。要改变的事情太多了，这种认知势必会让你们的关系产生强烈的紧张感。过去，你们可以不假思索地互相评论，彼此之间很随意、很放松；但现在，你们都要小心翼翼、如履薄冰，不知道如何才能回到过去那种状态。从那以后，似乎说出口的每一个字都变了味道。你们开始时刻紧绷，认真审查对方说的每一句话，试图听出言外之意。

就像凯西的这段描述：

> 以前我们可以随时接对方的话，但现在我们恨不得每句话都有注解。我不知道该怎么回应他，也不知道该怎么和他交流，所以大多数时候只好什么都不说，至少这比说错话伤害到他的感情或因此引发一场争吵好得多。

我告诉凯西，虽然这个时候小心翼翼地回避或保持一种过度的礼貌会让她更有安全感，但她现在真正需要做的却是开诚布公，而不是谨小慎微。我让她试着回忆一下，当她终于向戴维说出她受过怎样的伤害时，她的感受是怎样的。

> 就好像有千斤重的东西从我的胸口挪开了。我感觉很轻松，整个人焕然一新。那一刻，我感觉自己变强大了，就连心中的怒气也消失了不少。

于是我告诉凯西，她应该花点儿时间，再重温一遍那种轻松而有力的感觉。她可以把那种感觉想象成一幅画，比如一朵云，或者其他任何一件她觉得合适的东西。而且，她要把这幅画牢牢地印在心里，每次需要的时候，她都可以把这幅画拿出来看看。

"记住你让他阐述事实时的那种痛快，记住你能够直抒胸臆时的那种酣畅。虽然你俩都不会读心术，但你们也都不惧怕表达自己。你们冒了一点儿险，但也得到了相应的回报。这才是让你们不再心怀戒备、彼此试探的方式。"

如果你也开始了对包括你说过的话、做过的事在内的自我的审视，你就可以想想那幅代表面对现实后的轻松感的画，重温一遍你在与伴侣对质后感受到的畅快。在未来的几天或几周里，你可以把前面用过的沟通技巧——阐述事实和释义——再次应用到你的日常生活中。你如果不想整天沉溺在对几句话的猜疑中，就应该拿出决心和自律来。最后你会发现，一切都是值得的。

你可以直接表达，可以顾及他的感受，但不要心怀恐惧。认真倾听，然后根据他的回答理清事实和重新释义，确保你真的听懂了。这是你们相处的一种全新的模式。刚开始时你肯定会有些别扭，但只要勤加练习，感觉就会越来越好——这种方式不只适用于对待他，也适用于对待你日常生活中遇到的其他情况或其他人。

当然，你不必时时刻刻都扮演一个"极其擅长沟通"的角色，也没有人能做到这一点。人在情绪激动时很容易忘记所谓的"沟通技巧"，反应只剩下单纯的攻击或逃跑。但接下来能否把自己拉回正轨，就要看个人的努力了。此外，你也不必对每一句话都进行重新释义；你肯定会有没法这么做的时候，让自己放松放松也好。但你练习的次数越多，你们对彼此的怀疑也就越少，你们也就越可能尽早结束回避问题、混乱不堪、随波逐流的旧状态。

刚开始使用这些沟通技巧时，你可能会觉得有些刻意，但只要你不放弃，你就会看到有些神奇的东西在内部悄悄萌生。当你发现你可以利用某种技巧来获取可靠信息时，一种强大的自信便会随之而来。

将操控转化为赋权

在你治愈自我乃至修复这段关系的过程中,一个主要的障碍便是你难以摆脱的惩罚他的冲动。毕竟,他一直是操控方向、掌控信息的那一方——随心所欲,任性而为。如果你依然选择留下,那么他是不是没有付出任何代价?所以,就算他道了歉,就算他在与你对质后做出了要改变的承诺,你依然想让他受到惩罚。就像艾莉森所说:

> 我希望你不是在建议我先放下自己的计划,让他好受起来。我不希望他好受——我希望他感到痛苦。

我相信你能理解艾莉森的感受。这段话体现了一种和她有过同样处境的人才能体会到的诱人而自洽的逻辑。所有受过欺骗的女性都不会对这种感觉感到陌生,她们在这种行为中获得到了前所未有的权力感和掌控感。可是,这一切不过是幻觉罢了。惩罚就像复仇,它会打破平衡,让力量临时互换,但断绝了你们的新关系持续变好的可能。

你也许不觉得自己惩罚他的想法有任何问题,但这其实就是你们关系紧张的典型表现。你不是圣人,在紧张的关系中难免产生这样的念头。惩罚的形式多种多样——有些不着痕迹,有些则很激进。下面这些例子中,很多女性觉得至少有一个符合她们与伴侣对质后的状态。

惩罚方式1:负罪感

这一条称得上所有惩罚行为的鼻祖。你是受害者,他是那个花光你们积蓄或和别的女人出轨的混蛋,你想让他老老实实地承认他的所作所为。我知道你对这些会让人产生负罪感的话再熟悉不过了,我们不妨来回顾一下:

——你毁了我们的生活。

——你毁了我们的婚姻。

——看看我有多么痛苦／绝望／紧张。

——你现在终于高兴了吧。

——你做出那种事，居然还有脸跟我吵。

——你拿什么来补偿我？

——我觉得你是世界上最渣的人渣。

——你应该为自己感到羞耻。

虽然斯科特同意了艾莉森提出的每一个条件，包括接受心理咨询，但艾莉森仍不愿放弃对他的惩罚，这其实也情有可原。

  我想让他尝尝我的感受。对，我想让他自责，让他内疚。只有内疚才会让他不再犯错。你不是也说我们应该对自己的行为负责吗？我希望他永远不要忘记他做过什么！我希望他记住这种感受有多么痛苦，等下回再看上别的女人，他总能好好想想了吧。

你想要的也许并不真是你想要的

"这么做对你有什么好处呢？"我问，"如果他还有良心的话，那你根本不用担心，他一定会非常内疚。可如果他没良心了，你也就不用再跟他继续了。承担责任的意思是知道自己的言行对别人造成了伤害，所以愿意为此道歉和做出补偿。据我所知，这些斯科特都做到了。我来试着站在斯科特的角度想一想，如果我是他，我会不会知道究竟怎么做才能向你证明我已经足够内疚了。"

我把自己想象成斯科特，竭力表现得唯唯诺诺、低声下气，甚至到了一种令人发指的地步。我说："我永远也无法原谅自己对你做的事——我愿意为你当牛做马，我愿意满足你的所有要求，每天太阳升起前，我会用桦树枝抽打我自己，从此以后，我不会对其他女人笑一下。我的主人啊，这样够吗？"

"别说了！"艾莉森突然提高了声音，"我受不了了！他听起来像个十足的蠢货——那不是我想要的。"

当我把艾莉森想象中的惩罚放大到极致时，我终于触及了她的真实想法——她其实明白，自己想要的结果荒谬又怪异。

苏　珊：好吧——那你想要什么？是他低三下四地讨好你还是重建你们的婚姻关系？如果让你选，你会选哪一个？

艾莉森：你知道我会选哪个——我也希望我们真能成功。但我不知道……他的内疚会让我感到安全……但其实我也明白，那不过是骗人的鬼话，谁都不愿意和一个总让他们觉得自己很糟的人在一起。

苏　珊：你刚才已经说到点上了。很多女性认为，只有对方足够内疚，他们才不会再次伤害她们。但实际上，无休止的惩罚不可能带给你真正的安全感。你的任务既不是放大他的内疚，也不是减轻他的内疚。相信我，他一看到你，就会想起他做的那些破事。可你如果一味强化这种内疚感，只会让他变得更加俯首帖耳、卑躬屈膝，但最后你只会把他推得更远。

艾莉森：可是，难道我要"放了"他吗？这不是他欠我的吗？

苏　珊：他当然欠了你，但我们首先要搞清楚他究竟欠了你什么。他欠你的是诚实和尊重。那我们先来看看你提出的这些要求。你提出的维持这段关系的条件都很具体。对于他的谎言造成的损失，他同意做出改变，以弥补自己的过错，而且他向你保证了以后绝不再说谎。但你的条件中并不包括让他放弃自主权和与你意见相左的权利，还有更重要的一点——他的自尊。你希望维护的是一段平等的婚姻关系，而不是狂热的独裁统治吧？

如果你发现自己在用内疚控制对方，你应该大胆地向他承认，这样做对你非常有好处。就像你同意给他时间去改变，他也需要明白你不是圣人。你可能会说或者已经说了一些让他不舒服的话，但是，你的诚实不会动摇你的立场，所以不要担心。相反，你可能展现出了一种极为特别的力量——一种发自自我意识的、诚恳的力量。

惩罚方式 2：贬低与诋毁

他加入了你儿子所在的童子军。"简直是笑话！"你告诉他，"这个年龄的孩子最容易受外界影响，你一个道德败坏的人怎么有脸做他们的榜样。你从哪个星球来的？"

或者，他想和他的兄弟一起出海玩，不愿意和你一起去拜访你的父母。你告诉他，这不奇怪。他这种行事草率、自私自利、冲动投资的混蛋凡事当然先想着自己。事实上，每当他的意见和你不一致时，你都要提醒他一遍他是个多么自私的人。

这种惩罚方式让他的越轨行为成了他全部性格的代表。你让他觉得自己好像全身都是毛病，除了为谎言赎罪，没资格做任何事。抨击他，让他在不知不觉中成为所有事情的替罪羊，这么做很容易，可然后呢，他要怎么做才能赎罪呢？答案是：满足你的一切要求。

你应该了解用内疚控制人的后果，这里同样适用。这种行为是毁灭性的。不要误入歧途。

惩罚方式 3：退缩与回避

很多女性受到伤害后会选择后退一步，用沉默代替惩罚，但其实这样做的后果和其他方式一样有害。

前文中提到，菲尔对妻子海伦隐瞒了色情聊天室的事，事后，海伦花了很大力气才终于控制住自己，不对他进行肆无忌惮的谩骂或嘲讽。但在这个过程中，她与菲尔的关系陷入僵局，她不知道下一步该如何是好。

我们取得了一些进步。我同意不再猛烈地抨击他，而他也答应会严格控制上网时间，我觉得我可以接受。至少他不会再在三更半夜偷偷聊天还死不承认了。我也不再生气了，但我也感觉不到对他的爱了。我开始变得麻木。

也许在海伦看来这是麻木的表现，但其实她只是换了一种方式，从用公开贬低的方式来发泄愤怒，变成了用沉默来惩罚他——这同样是一种可怕的情感勒索[1]。他们虽然决定继续在一起，但他们的关系却恶化到了只剩一种冰冷的客气的地步。

现在，我们之间的对话就只剩"递给我盐"或者"天气真好，不是吗"这种内容。我真的不知道怎么做才能渡过这一关，苏珊。我现在的做法似乎毫无用处，让我俩都不舒服，可我连怎么让自己好受都不知道。我很怕我稍微对他好一点儿，他就觉得自己可以走回老路上去……

我告诉他们夫妻二人，应该尽早结束这场冷战。他们虽然都表示同

---

[1] 作者的前作《情感勒索》已由后浪出版。——编者注

意，却表达了对如何缓解气氛的担忧。菲尔不明白，他已经同意了海伦的所有条件，可为什么海伦还是对他态度消极。咨询刚开始时，两个人明显都很紧张。

我问海伦是否愿意告诉菲尔，她为什么不敢对他表达任何积极的情绪。海伦这才试着解释道：

> 我生气和难过了这么久，很难放下一切继续去爱。我想我还是在惩罚你，只不过用的是沉默而非语言……说实话，我突然发现我其实也在惩罚我自己。我不喜欢这样疏离冷漠的感觉，甚至可以说是讨厌，但我真的很害怕，怕我一对你和颜悦色，你就不把我当回事了。

菲尔回答她：

> 亲爱的，其实自从上次的对质之后，你就不用担心我不把你当回事了。你还要这样下去多久呢？我们的努力如果不是双向的，我们还怎么重新获得幸福呢？你让我做什么我就做什么，我也保证了以后绝不说谎，而且也做到了。虽然我们刚刚开始解决这件事，但我宁愿你大声骂我，至少我能觉得你对我还有感情。可你现在这样，我感觉特别……

说到这里，菲尔哭了起来，声音也变得哽咽了。他像他这一代的很多男人一样，一般不会轻易表达情绪。

"你感觉怎样，菲尔？"我问他，"把你的感受告诉海伦。"

"孤独……不是一个人独处时的那种孤独，而是明明你在我身边，可我却碰不到你的那种孤独。"

我转向海伦，看样子她深受触动。"告诉菲尔你现在的感受。"

海伦缓缓低下头，轻声说："对不起……我知道这段时间我对你很冷漠。我想让你尝尝我的痛苦。虽然我不能保证马上就做到最好，但至少我们又开始对话了，这种感觉真的很好。"

僵局终于被打破了，大家都松了一口气。我告诉海伦，其实当她说出"感觉真的很好"时，她就已经知道如何走出惩罚的怪圈并走向真正的对话了——借助反馈，一种影响最为深远的方式。我希望他们在以后的日子里可以多就这一点进行练习。

反馈是沟通的工具

反馈是积极倾听时的一种自然而然的补充。有效的反馈具有下列特征：

- 告诉另一半你的反应
- 不轻易做出评判
- 即时、诚实，并能给人以支持

积极的反馈包括：

—— 我喜欢这样。
—— 这样做让我感觉不太好。
—— 我对此感觉不舒服。
—— 我觉得那也包括我。
—— 你听起来很热情／很乐意／很真诚，这让我感觉非常好。

我告诉海伦和菲尔，其实道理很简单，没有人能一夜之间就实现翻天覆地的改变。而且，人们很容易退回旧有模式中，尤其是在巨大的压力下。但在缓慢地了解彼此差异的进程中，他们都有了长足的进步。他们还有很多地方需要改变，所以他们要保持耐心，不要一有任何不满意的地方就互相攻击或自责。

性趣荡然无存

"还有一件事需要帮助，"菲尔说，其实我知道他要说什么，"她……呃……她在其他方面也很抗拒我……"

"而且，"海伦接过话头，"你给我压力也没用。你暂时离我远点儿反而会让我轻松一些。我还没彻底缓过来，不可能像什么事都没发生过一样跟你上床，我做不到。"

"哇！"我转向菲尔，"是不是很惊讶，你的妻子还在生你的气，暂时对你没有欲望。"

"欲望，天哪，"菲尔说，"她甚至不允许我搂住她。她总是直接走到她睡的那一边，然后背对着我就睡着了。这种情况还要持续多久？"

"我也不知道，"我只能告诉他，"但有一件事我可以向你保证：你越是给她施加压力，她就越难重新对你产生欲望乃至爱意。很多女性——甚至可以说大多数——在发现伴侣说谎后都会有一段拒绝发生关系的时期。受过欺骗或在情绪旋涡中苦苦挣扎的女性很难在这种时候产生欲望。"

我建议他们做一些小小的交换：互相满足对方一个小要求，并同意不做一件让对方不舒服的事。

我问海伦，她想用什么来做交换。她想了想，说："我当然可以允许菲尔有一些身体上的亲密举动。我是说，我们可以从牵手开始。如果我觉得还行，我们可以进行更进一步的拥抱或亲吻，但如果我感到不舒服，我们就只能止步于此。前提是他不把这些举动当成那种信号——"

海伦说到这里时，我打断了她："请等一下，海伦。你只需要说明你愿意做什么——不需要把他会做什么、不会做什么的情况都列举出来。"

然后，我让海伦把她的需求告诉菲尔。

"我需要时间，同时也需要你的耐心。我知道我现在表现得这么抗拒，你也会感到很别扭。我也希望我能像你一样找回自己的欲望，而且我相信我一定可以。但现在，请等我准备好，而且到时候由我主动。"

菲尔同意了海伦的交换要求。几周后，海伦告诉我，菲尔遵守了他们之间的约定，没有继续向她施加压力，这给她重新唤起自己的欲望创造了一个良好的空间。

你们都需要给你时间

很多女性告诉我，对质过后，她们的伴侣常常会持这样一种态度："好，我道歉了，也听你说话了，还同意了你的所有要求。那么现在，我们可以上床了吧？"他们发现这样行不通时，就会非常沮丧。男性通常会把拒绝上床看作伴侣对自己的终极惩罚。他们可以理解伴侣在他们出轨后不愿和他们上床，却无法理解他们已经承认了错误并努力修复关系后她们为什么还会这样。

如果你也遇到了这种情况，你需要提醒你的伴侣，对大多数女性来说，性欲不是说来就来的。它和安全感、亲密感有着紧密的关系，但现在这两个因素都被他的谎言破坏了。所以你们需要像海伦和菲尔那样做一次小小的交换，让你们两人重新亲密起来。比如，你可以这样说：

—— 我知道你现在因为我的冷淡而感到很沮丧、很伤心。
—— 请理解我一下，我这么做并不是为了惩罚你。
—— 我必须忠于我自己的感受，我现在真的没有这方面的欲望。
—— 但我知道情况不会一直这样，给我一点儿时间，慢慢就会好的。

只要你在发现伴侣说谎前对他是有欲望的，那么这种感觉会随着伤口的愈合慢慢恢复。你受到了极度的冲击，所以当然有权利获得恢复的时间。你的性欲和你内心的感受直接挂钩。当你内心的伤口逐渐愈合，性欲便会随之恢复。

你有欲望，但依然选择拒绝

艾莉森有着不同的困境：

> 我想做爱。我喜欢和他做爱，虽然听上去有些不可思议，但就算经历了那些事，我还是想要他。但我不允许自己这么做。我会不断想起他和那个女下属的画面。我甚至能想起他对我说过的那些撩人心动的话，还有他挑逗我时的场景。但每当这个时候我就会想：让他滚吧。他犯了那么多错误，我为什么还要奖赏他？他难道不应该为此付出代价吗？

尽管艾莉森仍有和斯科特做爱的欲望，但她却选择了自我压抑，因为她觉得斯科特没有尝到应得的痛苦。而且，她不希望斯科特知道她还对他有欲望，并因此志得意满。艾莉森这样做的确是在惩罚斯科特，但同时也在惩罚她自己——她不仅剥夺了自己的快乐，也让自己陷入了不断循环播放记忆中那些美好画面的痛苦与折磨当中。

应对你脑海中的画面

"好吧，"艾莉森说，"我承认我在用他们在一起时的画面折磨自己。在我的想象中，那个女人就像莎朗·斯通一样性感和大胆……可我怎么才能不去想那些？"

如果你和艾莉森的情况一样，你的伴侣也向你隐瞒了和其他女人出轨的事实，那么你很可能也会发现，那些画面会不断入侵你的脑海，根本挥之不去。所以，这就是阻碍你产生欲望或爱意的主要因素。事实上，你已经快受不了它们了。有时候，你越是想做爱，这种画面就越生动、具体，就好像你的卧室里装了一套完整的视听设备，专门播放那些让你备受煎熬的声音和画面。那么，我们可以想办法把这套设备关掉。

我知道这很难，尤其是在你内心的伤口还在流血的时候。那些挥之不去的念头仿佛有着顽强的生命力，犹如一支扫荡四方的军队，轻易就攻陷了你的大脑。但我这里有一些很有用的方法，可以让你利用想象来自救而不是自我伤害。不过，和我在前面介绍的技巧一样，它不可能有立竿见影的效果，但只要多加练习，你就会有所收获。

把自己想象成一个影评家

我想让你做的第一件事就是，试着给你脑海里不断播放的电影写一篇短评。

艾莉森曾目睹她的丈夫斯科特和另一个女人卿卿我我的画面，所以她脑海里的电影格外生动。我让她把自己当成一个影评家，然后准备对她曾经看过的场景和之后持续出现在她脑海里的画面写一篇简短的评论。

她的影评是这样的："我讨厌这部电影。事实上，我对这部电影的厌恶超过了其他所有电影，所以我绝不会向任何人推荐这部电影！它简直糟糕透顶，甚至就不该成为碟片，而是应该被直接扔到垃圾箱里。情节差劲，表演差劲。1到10分里我打负10分。我要给它差评，零星，零推荐。"

写下对这部在你脑海里反复上映的电影的评价，想写什么都可以。你的评论可以尖锐，可以严苛，但记得要尽可能幽默一些。把你对这部电影的不满明确地表达出来，只有这样，这部不断侵蚀你大脑的电影才会渐渐失去对你的控制力。

把自己放到导演的位置上

我是一个非常注重象征和仪式感的人。我喜欢它们的即时性，它们还能给我们一些可靠的行动依据，更重要的是，它们对重塑潜意识和削弱干扰信息的影响有着惊人的效果。

接下来，我想让你利用一件你非常熟悉的东西——电视机遥控器。我想让你拿起房间里任何一个你可以带着走来走去、不会妨碍正常使用的遥控器。如果你家没有多余的遥控器，那就去买一个。我向你保证，这绝对是一件非常划算的事。

遥控器象征着什么？控制。接下来的几周，你要一直随身带着这个遥控器——放在包里、书桌抽屉里或者你最喜欢的那把椅子旁边，又或者你汽车的储物箱里。每当脑海里出现那些画面，你就拿出你的遥控器，按下按钮，让画面变黑，然后盯着黑屏看至少30秒。这是完全处于你掌控之中的30秒。想象出一部电影，在脑海中看着你的丈夫和一个你想象中的女人在一起，忍耐他们一会儿，然后把电视机关掉！

试着每天减少你"看电影"的时间，增加黑屏的时间。这个练习会把你放到导演的位置上。你可以随时喊"开拍"或"停"。慢慢地，你会发现你可以在你需要的任何地方黑屏。毕竟，这是你自己的电影。

利用你的影片库

当我们看到不喜欢的节目时，除了关掉电视，其实我们还有一个选择，那就是换台。

我知道你很难相信图像（我更喜欢称其为"恐怖片"）对你的侵蚀竟然强烈到不受你的控制。你不可能突然冒出一个念头："好吧，已经凌晨四点了，我很难受，那么我就躺在这里幻想一下我的另一半和其他女人在一起时的样子。"很少会有人那么喜欢自虐。我当然也明白，你其实很想让自己停下来不去想象，但收效甚微。当你陷入这种幻想带来的痛苦中时，你很容易忘记，正是你自己而不是别人想象出了这些画面。不过好消息是,你可以改善这种情况,因为思维是一种非常奇妙的东西。所以现在,你可以把你脑中的这些场景转换成积极而非痛苦的画面。也就是说,你需要换个节目看。

你的大脑里其实储存了成千上万部"电影"。它们可能是你的回忆,也可能是你的一些更美好的幻想。在这个巨大的影片库里,既有喜剧片,又有悲剧片、冒险片、儿童片、动物片,还有很多风光美丽的旅游纪录片。不过,你可能注意到我并没有提爱情片,因为我不认为目前你适合看这种类型。

当你的大脑又开始播放那些"恐怖片"时,你就拿起遥控器,按下切换键,改看其他的节目,比如一些会让你心情好起来的东西。可以是你去过的某个美丽的地方,也可以是一个全家欢聚一堂或你们一起出游的场景——这些才是真正会让你感到开心的画面。

对我来说,那个场景位于夏威夷的某个海湾,那里是世界上最美丽的地方之一。每当我想起那幅画面,我仿佛能看到阳光洒在水面上,青山连绵起伏。我似乎闻到了空气中夹杂的湿润的水汽和淡淡的花香,还有不远处传来的此起彼伏的海浪与鸟鸣声。我所有的感官都被调动了起来。我和我爱的人在一起,我感受得到他们的存在。我感到无比幸福与安心。每当我心神不宁或焦虑紧张时,我就会想想那个场景,于是心情很快就会平静下来。那是一片独属于我自己的小天地。那里既没有任何消极的念头,也没有任何痛苦的回忆或场景。

你应该也有过这样的经历,或是在心里有这样一片小天地。就去那里看看吧,试着感受那里的一切,学会让自己全身心地沉醉其中。那样的"影片"才是你想看到的——之前那些不是。你越能有意识地用这部让你身心愉悦的片子替换那部恐怖片,就越能迅速地将它们从你的脑海中剔除。

乍一看,你可能会觉得这样的练习有些太过简单,简单到你开始怀疑它到底有没有效果。我可以明确地告诉你,经过这些年的实践,事实证明这种练习非常有用,它可以很好地帮助女性摆脱消极想法和情绪的操控。试试吧，你会喜欢上这种方式的，你甚至会发现自己的欲望又回来了。试试又能有什么损失呢？

惩罚方式 4：威胁

带着怨气和伴侣展开冷战，其实是另一种公然的威胁。你用结束这段关系作为要挟，达到让对方害怕的目的。这个游戏叫"按我说的做，否则你就滚"。因为在你看来，你才是真正的受害者，而他在接受他应得的惩罚。

这是一种利用对方本身的恐惧来施加压力的行为，如果他没有严格按照你说的去做，你就会离开他。这种威胁言论包括：

—— 去吧，你想做什么都行，不过如果我走了，你也用不着惊讶。
—— 你伤我那么深，如果还这么不愿意答应我的要求，那我为什么还要和你在一起？
—— 按我说的做，否则我就把你对我做的事都告诉你家人。

这种策略有一个很大的特点：它会不断提醒对方他说过谎，而且你答应留下来的事实会让他想起自己有多对不起你。他不能有任何个人的想法，否则就等于背叛。你会惊讶地发现，很多原本通情达理、温柔体贴的女性都不约而同地采取了这种手段。

如果你发现自己也使用了这种方式（"按我说的做，否则就……"）对对方进行情感勒索，不妨告诉你的伴侣，你们两人在这个艰难的时期都会犯错。比如，你可以说："这是一段对我俩来说都很艰难的时期。我们也都明白，任何事都不可能一蹴而就。我知道你已经尽力了，我不应该再威胁你了。"

惩罚他并不能帮你找回那些因为遗失已久而令你痛心的美好感受。

更重要的是，你需要花时间去弄清楚，你过去对他的那份热情与爱意是否还在。如果你决定留下的原因并不是这个，而是为了报复他，那你们两人都会痛苦不堪。

与他对质之后，你很容易陷入这种惩罚对方的怪圈里。虽然这是一句老生常谈的话，但我还是要说：惩罚并不能弥补过去，也不能让你更好受一些。所以请记住，这种相互的拉扯一直在消磨着我们的生活热情。你可能会从不断揭对方伤疤的过程中获得短暂的快感，却会因此失去一段有可能转好的关系。

应对来自亲友的压力

其实在这种时候，出于好心，你身边的人也许会给你提出各种各样的建议，但正是他们的建议让你变得更加疲惫。那些看到你是如何伤心或生气的人会觉得结束这段关系才是最好的选择，而没有见过这些的人则可能告诉你，无论如何都要留下来。

但不管周边的人持什么样的意见，最重要的是你应该为自己设定一个明确的界线：什么是你愿意和他们谈的，什么是你不愿意谈的，以及你的底线在哪里。

无论家人还是朋友都是根据各自的主观认知和安排得出结论的，因为这样做最符合他们的利益。这样一来，他们可能会在无意间把我们推上了某条路。但符合他们的利益的事并不一定也符合我们的利益。我们当然需要知己，而且大部分人应该都有一两个可以无话不谈的好友。但重要的是，你要让大家知道，除了你自己，谁都不能逼你做决定。

当你已经做出和另一半尝试重新开始的决定，但你身边的人却依然逼你放弃时怎么办？我会介绍几种实用的应对方法。在下一章中，我会帮你应对那些劝你留在毫无希望的关系中的人。

你的朋友或家人们可能会说：

—— 我不忍心看到他这样对你——你必须离开他。

—— 你为什么要自欺欺人呢？他改不了的。

—— 他对你做了那些事，你怎么还能跟他在一起？

—— 你还打算让他再伤你几次？

—— 他配不上你。

—— 他不值得。

—— 我从第一眼就知道他是个混蛋。

—— 你最好立刻就跟他离婚——你的年纪已经耗不起了。

面对这些有时是出于好心、有时是出于私心的建议，你要做的就是学会如何对答如流，从而在坚持立场的同时又能让自己看起来不至于咄咄逼人。如果你跟他们争论、解释、努力证明你的立场或者强迫他们理解你的观点，或者发一通脾气，你就立刻成了被迫防守的一方。然后，你会觉得自己像被逼进了墙角，垂头丧气，孤立无援。但如果你用一种更温柔却有力的方式去回应他们，效果则会大不相同：

—— 谢谢你的关心，但这是我和我丈夫之间的事。

—— 我知道你是在关心我，但我必须自己去摸索处理方法才行。

—— 我爱你，我也知道你是出于好心，但我现在比之前强大了很多，我一定会深思熟虑，做出一个合适的决定。

—— 你可以不提建议，先听我说完吗？

—— 我们俩都在努力重建这段关系，如果你不理解，我表示抱歉。但我希望你可以尊重我做出的任何决定。

—— 如果我就这么走了，不给他任何机会，其实我自己也心有不甘。但他如果再犯，相信我，我会立刻离开他。

安妮说，当她把她和兰迪之间的事告诉母亲时，她母亲简直快疯了：

> 我就用了上面那些话。她稍稍退缩了一会儿，但很快又激动起来。"你怎么知道他不会再犯？你又不能一天24小时看着他。"我知道她是出于爱我，但她却在利用我的恐惧来打压我。我不想对她表现得无礼或刻薄，但我必须想个办法阻止她。

如果你身边的人还在用他们的观点来给你施加压力，又或者你已经按照上述方式对他们做出了回应，他们却依然不依不饶时，你就有权对他们这样说：

—— 算了，我不想继续谈这个话题了。
—— 我们换个话题吧。你最近看了什么好看的电影吗？
—— 够了！

不要忘记，家人和朋友有权发表他们自己的看法，但你也有权不听。很多女性会落入思维定式，认为自己就应该认真倾听他人的意见，不仅要听完，还要有问必答，只是为了让自己做个"好人"。你愿意听取他人的多少意见，完全取决于你自己。明确界线没有任何坏处，尤其是在你从一开始就没要求他们这么做过的情况下。

你现在感觉如何

随着时间的推移，你会看到或感觉到你们之间的变化。而且，你会越来越清楚你们能否走出谎言带来的阴影，继续并肩前行。即使是在最好的情况下，治愈也是一个循序渐进的缓慢过程。你需要耐心，就算中途有过气馁也是正常的。

刚开始时，你可以每隔几天或每周给自己留出一点儿时间，好好审视一下自己做得怎么样。比如，你可以问问自己：

- 我现在对这段关系中的哪些地方感觉还不错？哪些地方还需要做改进？
- 是什么给了我继续这段关系的希望？
- 我担心的事情是什么？
- 是什么让我感到气馁？
- 他是否已经戒酒／毒？
- 在花钱的问题上，他目前做过违背我们约定的事情吗？
- 我做到了约定中我应该做到的事情吗？我是否在使用有建设性的沟通方式，而不是继续一味惩罚他？
- 我俩在必要时都向外部资源的力量求助了吗？

这些问题会引导你进行接下来几周的工作，帮你搭建起探索个人想法、感受和行为模式的框架。同时，它们也是你评价你个人的幸福、伴侣的行为以及这段关系的风向标。而且，你可能愿意与对方分享你的答案，以表达你对他的关心和感激。

我强烈建议你把这些答案写下来，然后将你日后每次给出的答案与最初的做对比。这是记录这次特殊历程的一种很好的形式。

没人能保证他不会再犯

说到出轨，尤其是身体上的，相信大家都不陌生，在这种时刻，最大的挑战是如何克服嫉妒和猜疑。而一个始终困扰着你的问题是：如何才能确定他不会再背叛你？

答案也许并不是你想听到的：你确定不了。没有任何人或物可以保证他不会再背叛你。什么样的关系都有可能遭到背叛。所以，你又何必纠结于此呢？我唯一能保证的就是，如果你把自己彻底封闭起来，随时保持警醒，不放过谎言的一点儿蛛丝马迹，那你们的关系永远都难以回归正轨。

嫉妒的破坏力在于，它能在琐碎的日常生活中制造出各种吸引眼球的夸张事件。戴上嫉妒的眼镜，你就会发现短短的一瞥似乎不再是一个简单的动作，记事本上随手写下的电话号码背后一定另藏玄机。实际上，无端的猜测会加深事情的复杂性，人们往往很容易陷入这样的阴谋论中。

嫉妒和猜疑会腐蚀你的灵魂，它们足以破坏一段刚刚得到修复的关系，揭开其伤疤，使其难以愈合。但我说这些并不是在鼓励你盲目地相信别人，也不是让你用盲信来代替你的感觉或直觉。但当你们的关系进入一个新阶段，你不知该期待或相信什么时，你就必须积极地投入每天的工作中，不要让嫉妒和猜疑成为恢复关系的阻碍。前面提到的停止或切换大脑里的电影的办法对帮助你走出嫉妒的怪圈非常有用。你的脑海里可能会不断产生一些可能引起猜疑的想法，我建议你主动起来，试着去改变它们。同时，你要格外注意你的另一半做出的改变，这些行为会为你创造重建关系的最佳机会。

改变的挑战

改变必然会给每个人都带来一种不确定感。不管你们的关系有过怎样的矛盾，之前都还多多少少有一些可以预料的地方，但现在，一切都变得无法预料。你或你们双方会有想回归过去的相处模式、再也不去忍受这些艰难困苦的想法是很正常的。但问题是，你们过去的相处模式也不过流于表面形式而已，那之下又隐藏了多少幻觉和秘密呢？可现在，你们关系中最阴暗的部分已经浮出了水面，你应该学着接受它。无论从内部还是外部来看，很多变化已然发生。你和你的伴侣虽然不知道这些紧张或不适会在哪一天彻底消失，但只要你们都做到了自己该做的事，这些不快会一点一点离开你们的生活。

第十一章　假如你选择离开

有些关系在经历了谎言与背叛后依然可以重新开始，有些却不能。世界上并不存在某个公式，能让你将所有利弊简单相加就得出结论，轻飘飘地说一句"是时候结束了"，也不存在具体的原因或时间表。可能发生的是，在几个星期或几个月的共同努力和相互关心后，突然有那么一刻，一个坚定而平静的声音在你心里响起："结束了。"

也许有一天，你发现他又对你说谎了，发现他把自己的承诺抛在脑后。或者你开始更关注自己想要的事物后，却发现这段关系已经给不了你这些了。又或者，有天早晨你醒来，突然意识到自己再也找不回哪怕一丝丝曾经的感觉了。有时，甚至你们双方都已经尽了力，却发现已经回不去了。你不爱他了。

"我的爱已经消失了"

简告诉我，比尔不仅向她隐瞒了婚史。她后来发现，这件事远不止这么简单。我对此表示遗憾，但并不觉得意外。刚开始，比尔明确承诺，不管真实情况是否会影响简对他的看法，他都不会再隐瞒任何重要信息。听他这么说，我和简都非常高兴。但我对一件事一直抱有疑虑，那就是比尔对汽车储物箱里那张照片的解释——真假参半，非常可疑。

自从上次我帮简做了简单的危机处理后，我们已经有近一年没见面了，但有一天，她却突然打电话给我，想尽快约我面谈。她进门时红着眼睛，精神不佳。

一切都结束了！我简直被当成傻瓜一样耍了！我没办法相信发生的一切，到现在都觉得非常震惊。那天晚上我们刚吃过晚饭，电话突然响了，是比尔接的。我听到他说："稍等一下，我换个房间。"接着我就听到他去了卧室，关上了门。我知道我不该这样，苏珊，可是我心里总觉得很害怕，所以我小心翼翼地拿起分机的听筒，没让它发出任何声音——

"哦，天哪，"我说，"这世界上可能有一半女人都是这样发现伴侣出轨的。到底是谁？是他的前妻吗，就是你在车里发现的那张照片上的女人，还是另有其人？"

是他前妻。我在那个储物箱里发现的照片就是她的。原来他俩一直在见面！我听到我的丈夫，就是那个每天说着他是多么爱我、遇到我是他人生中最美好的事情、一到下班他就恨不得马上回家见我这种话的男人，却在电话里和那个女人说，他得想个办法多陪陪她。接着，我又听到那个女人问他能不能出来一会儿，他竟然说："当然可以，我跟简说我要给客户送文件就行了。"

他从卧室走出来，一看到我的脸，他就明白我知道了。于是，他想再编个破绽百出的故事来骗我。如果只是一夜情，我也许还可以勉强考虑考虑，可这次远不止此——他根本就没和那个女人断过联系，而且他承认了这一点。所以他不仅在肉体上背叛了我，也在精神上背叛了我，这才是最糟糕的。在那一刻，我觉得我看到的是一个完全陌生的他。多么可笑的谎言和故事啊——我的爱在那一刻死掉了。我哭得停不下来，但我已经知道该怎么做了。

这段感情终于走到了无法挽回的地步。简也许会痛苦不堪，也许会犹豫不决，但事实证明，比尔再也不值得她信赖了，她也据此做出了决定。那一刻的简已经知道，她对他的爱消失了。

我这样做对吗

对一部分女性而言，做决定这件事远比实际结束某段重要关系痛苦，也更令人筋疲力尽。各种怀疑和惋惜声此起彼伏。同时，还有莫名的恐惧从各个角落向你扑来，让你失去行动的力气。你进入了一个完全陌生的领域，在这里，你可能会被一遍遍的猜疑折磨得疲惫不堪。

我一直以为戴安和本是很有希望修复关系的一对夫妻，可不幸的是，本在金钱上的冲动与鲁莽，以及他一直以来对做一番"大事"的执迷，令他对戴安许下的承诺不堪一击。

本之前同意让戴安更多地参与财政决策。而且，在理财顾问的帮助和戴安母亲的经济支援下，他们也成功地避免了破产的危机。可没过多久，本的老毛病就又犯了。

刚开始，事情进行得非常顺利。我们一起制定预算，同时，他完全采纳了理财顾问的建议。那段时间我俩就靠我的工资维持生活，不过他同意在房地产领域找一份工作。我答应他把我们两个人的名字都写在账户上，我不想在这种艰难的时候彻底削弱他的力量。此外，我不想和一个我必须像对待小孩一样对待他的男人生活在一起。可是，他真的就是一个小孩，苏珊。他是一个既不负责任又喜欢骗人的小孩。

你还记得我母亲借了5万美元给我们，让我们拿去还债的事吗？我做了一个错误的决定，将其中一部分存进了银行，你猜怎么着？他一个朋友来找他，说有一个"十分有把握的项目"——需要在两天内拿出1万美元购买一批已经丧失赎回权的土地。我听说这件事后非常生气,告诉他:"没门,这笔钱是用来还债的。"他当时没再说什么,只说我是对的。可就在昨天,我收到了银行的对账单,这才发现他用现金支票取走了那笔钱。他真是一点儿都没有变。就算冒着失去我的危险,他也不会收手。他就像一个赌徒。可我怎么才能确定我做得对不对呢?

为了帮戴安对目前这段关系有一个大致的了解,我向她提出了几个比较重要的问题。我强烈建议你也这么做。这份问题清单可以有效地帮助你从难以下定决心的困境中走出来。

- 我给自己留出足够的时间评判他对我所提要求的回应了吗?
- 我在和他对质时提出的那些要求,他都做到了吗?
- 我是一时冲动、意气用事地下决定的吗?(是否经过了理性思考和逻辑分析?)
- 我结束这段关系只是为了惩罚他吗?
- 这段感情是让我生活更丰富、视野更广阔、内心更充实,还是让我情绪更沮丧、内心更恐惧与愤怒、生活更窘迫了?

戴安对第一个问题给出了肯定的回答,对第二个、第三个以及第四个则给出了完全否定的回答。在说起最后一个问题时,她明显伤心了。

是的,不得不说这段感情让我的生活陷入了泥潭。我失去了太多快乐和信任。而最糟糕的是,我没办法再尊重他了。过去,不管他精力多么旺盛,不管他多么自大,我都觉得很有意思,可现在这些都变成了让我感到害怕的大问题。他经常让我担惊受怕,我都快被吓出病了。我不想再过这种坐过山车一样的生活了,我的生活里需要的是真正的理智。

当你像戴安这样用更严苛的方式看待你的伴侣时，你可能会发现一个与过去完全不一样的他。这个时候，你心里的某些东西就会悄悄发生变化。你不会再掩盖你生活中消极且混沌的一面，也不会再否定你自己的真实感受了。

如何应对他对你的决定的反应

我们无法预测当你的另一半意识到他要为自己的谎言付出什么代价时会有怎样的反应。你做出让对方知道你要结束这段关系的行动时，就应该做好应对各种反应的准备，而其中有些可能会让你颇为震惊。你的伴侣可能会觉得害怕，或是受到了威胁。一个原本攻击性很强的人有可能会摆出一副可怜兮兮的样子乞求你；一个沉默寡言、保守被动的人却可能反应激烈。他还可能放弃抵抗。他显然不喜欢你的决定，甚至不相信会发生这样的事。鉴于此，我想帮你做好应对他日后各种反应的准备。

扮演勇士能让你真的勇敢起来

面对他的反应，你也许会动摇、感到害怕或心生怜悯，但你要学会利用那些给人以勇气的话语，它们会让你坚持下去。就算你心里并不觉得自己有多勇敢，只要你努力做出一副勇敢的样子，我向你保证，你就会找到勇敢的根据。

你的伴侣可能会说：

—— 我不明白你为什么要这么对我。

—— 请再给我一次机会，我再也不说谎了。

—— 我已经尽力了。请再给我一些时间吧。

——我知道你还爱我。一定是别人怂恿你这么做的。

——你会为你做的错误决定后悔一辈子。

——你再也找不到一个像我这么爱你的人了。

——孩子们需要父亲。你为他们考虑过吗？

——你从来不为别人考虑，你只想着你自己。

听他说完这些，你应该告诉自己三件事：

- 我相信自己，也相信自己的决定是正确的。
- 我正在为自己创造更好的生活。
- 他会挺过来，我也会挺过来。

然后，你可以从下面这些能够给人勇气的话中任选一句甚至全部说给对方，也可以选择你自己想出来的任何合适的话：

——这不是一个随随便便下的决定。我考虑了很久才决定这么做的，所以我不会轻易改变主意。

——其实看到你这么伤心我也非常难过，但我的决定已经没有商量的余地了。

——虽然我感到非常伤心／生气／害怕／难过，但我需要这么做。

——我一直在努力寻找解决方式，而这就是我的方式。

谨慎点儿总没错

发现简对他的承诺和乞求都无动于衷时，比尔开始原形毕露。

他双唇紧闭，眉头紧锁，就像每次受挫时那样，露出一副苦大仇深的样子。当我告诉他明天早晨之前他就得搬出去时，他嗖地一下从沙发上弹起来，随手拿起我最近在读的一本书，狠狠地朝墙上扔去，然后便头也不回地冲回卧室，重重地摔上门，甚至整栋房子都跟着震了一震。他从来没用这种暴力的方式向我表达过怒气，这真的让我十分害怕。我打电话给我姐姐，告诉她孩子们的情况，还要求她收留我们几天。我把孩子们从学校里接了出来，带着他们离开了那里。我想我还是小心为好。

比尔可能只会砸砸墙，但仍然不能完全排除他有更严重暴力倾向的可能，所以简不去冒险的决定是明智的。如果你的伴侣非常生气，甚至产生了很强的攻击性，那就不用再考虑什么沟通技巧了，先想想你的人身安全吧。即使有些人从来没有用暴力的方式宣泄过怒气，他们在面对你们的关系已经结束这个事实时也有可能会爆发。

接下来，就到了如何应对你自己对这一决定的反应的时候了。

孪生恶魔：内疚与自责

无论谎言和它们对生活的影响让你多么痛不欲生，目睹并非双方都希望出现的结局时，我们都会感受到煎熬。令人难以承受的不只有眼泪、愤怒、困惑，还有你还爱着他，依然在乎他，却已经不信任他的事实。面对他露出的那副可怜的样子，你可能会发现你的决心正在被一点点瓦解。你也许会做出让步，再给他一次机会，用看似合理的借口来说服自己——"一个你了解底细的恶魔总比一个你一无所知的恶魔好得多"，或者"我已经在他身上付出了这么多时间和感情，也许再坚持坚持、再乐观一点儿，结果就会大不一样"。

很多女性在这一阶段感受到的犹豫是可以理解的，但这会导致一对"孪生恶魔"——罪恶感和自责感的诞生。当你的内心被这两种感受支配,你会开始错误地相信该为这段关系的结束负责的不是他,而是你自己。

不该由你背负的罪恶感

说谎的人是他,背叛你的人是他,欺骗你的人是他,没有遵守承诺的人也是他,可为此感到内疚的人却是你。而且,他还会竭力把责任都推到你身上,让你觉得是你要离开的决定给他造成了无尽的痛苦,几乎要毁了他。

戴安在提出离婚时,果然遇到了这样的问题。

> 就算我非常讨厌他的所作所为,可我还是不忍心看到他如此狼狈不堪的样子。他以前是个多么潇洒自在、乐观开朗的人啊!可现在,他连住旅馆的钱都没有,只能和一个大学同学夫妻俩住在一起。不过,至少我知道他还有个像样的地方容身。但他还是会不停地给我打电话,说:"我真不敢相信,你因为 1 万美元就离开我了。"在他看来,这不过是钱的问题。所以我会感到深深的内疚,就好像我才是真正的坏人,而且我开始产生"也许他会改吧"或者"是不是我反应过度了"的想法。

我告诉戴安,她目前感受到动摇的原因是为了减轻自己的愧疚,因为她觉得是她让自己爱过的这个男人如此痛苦的。她知道本现在有多么依赖她,无论是在感情方面还是在经济方面,她也知道她的决定给本造成了很大的伤害。但同时她也明白,这个世界上根本没有一种灵丹妙药可以让本变成她希望的那种稳重、负责的男人。我问戴安,本许下的那些承诺和表的那些决心真的让他发生了积极而持续的变化吗？我想，不用她说，你也知道答案了。

如果你习惯在生活中其他方面给这个因为说谎而惹麻烦的男人擦屁股，你可能就会因为没有帮他摆脱困境而感到内疚。你也可能一直抱着这样一种想法：他已经那么痛苦了，你却只为自己考虑，这是非常"自私"的表现。他毕竟为你做过很多好事，你"欠他人情"。用已经用滥的一个说法——因为你才是那个"破坏了家庭"的人，所以你感到了深深的内疚。

多少个世纪以来，女性一直在关系中扮演着保护者的角色。就好像规定好了，女性就是养育者，是照顾者，是调停者。如果一段关系出现了问题，无论如何，都是女性负责将其修复。这样的任务好像深植于所有女性大脑中，不管她们年龄多大，也不管她们的外表有多么时尚、思想有多么开明。

如果你是在做了自己能做的一切后才决定要结束这段关系的，那就不要再背负起那些本不该由你背负的罪恶感，从而给自己平添更多压力和痛苦了。你只需对你过去那些消极、冷酷、糟糕或有害的言行负责就足够了。你可以对自己承认这些（你如果觉得没问题，甚至可以对他承认），在做你需要做的事情时，允许一定罪恶感的存在。罪恶感是会随着时间的推移而慢慢消失的。但如果你一直被困在被谎言破坏的关系里，你的身心受到的影响却是不可逆的。

所以，你要赋予自己一个全新的任务：尽一切可能去丰富和充实自己的人生。其实，这不仅仅是你一个人的目标，也是全世界所有人的目标。当然，这更不是什么童话故事，而是你作为一个人的基本权利。所以，一旦你被所谓的罪恶感牢牢地压制住，你就要用这个目标去提醒自己，不要忘了那些你必须离开的理由。

你不是失败者

近些年来，面对丈夫的酗酒和虐待，卡罗尔一直在默默忍受，直到他用谎言掩盖把儿子扔在营地的事实后，卡罗尔终于下定决心要和他离婚，可即使在这个时候，她依然会陷入深深的自责。

> 如果说谁有资格离婚，那一定是我，不是吗？可为什么我还会觉得这么不舒服呢？为什么我还会坚信自己本来可以做得更好呢？为什么我觉得自己是个失败者呢？

"卡罗尔，"我答道，"一直以来，都是你在苦苦维持你们这段关系。你做了所有你力所能及的事情，但你的丈夫肯除了他自己想做的事情外什么都没做。他根本不关心你，更不关心你的感受。他没有履行戒酒的诺言，也依然在对你进行精神虐待，而且已经有迹象表明，他可能会对你施加身体暴力。

"你给了他所有你能给的机会，但结果事情越变越糟。他的种种谎言和斑斑劣迹给你们的生活造成了不可挽回的伤害，可你千万不能因此责备自己，认为自己多么懦弱或失败。是的，你曾在婚礼上承诺要和他一直在一起，直到死亡把你们分开。但现在，违背了婚姻誓言的人是肯，不是你。一段已经被谎言和背叛撕裂的婚姻早就谈不上神圣了。"

卡罗尔唯一的"失败"，就是她迟迟不肯从这样一段不幸而有害的婚姻中走出来。即使她明知这样对她和孩子都不好，但她从小接受的严格的宗教教育，以及她对成为家族中首个离婚者的羞愧，都拖住了她离开的脚步。当一个女人敢说出"够了！我值得更好的"时，她才会获得真正的胜利，这才是真正的大功告成。

为孩子着想

想到一旦离开伴侣,你就得让孩子跟着你一起过一段艰难时日,你一定会为此感到深深的内疚与自责。

但请你问问自己,什么样的人才能给孩子提供一个健康的成长环境——是一对整天压力重重、满脸写着不幸福且彼此间的信任和尊重早已荡然无存的父母,还是一个诚实正直、独立生活的女性呢?

孩子从你身上学到的东西,远比你为了美化和伴侣间的紧张关系而刻意告诉他们的多得多。如果他们看到的都是怨恨与猜忌,那他们就会以为所有的感情都是这样的。你给他们呈现了一种可怕的婚姻模式,在这种模式中,男人可以说谎而不受损失,女人却理应接受这一切。

还记得多年后卡罗尔的女儿保拉的故事吗?保拉曾被一个男人吸引,但这个男人不仅对她曾被性侵的经历无动于衷,甚至会为了满足个人私欲而骗她。

> 就很多方面而言,我其实对我的童年生活进行了再现。这是我最熟悉的模式,我以为爱情就是这样的,因为我从来没见过爱情其他的样子。直到我父母离婚,事情才开始出现变化。对我和我弟弟来说,那以后的生活才更平静、更清醒。我看到了我母亲的变化,所以我知道变化是可能发生的。

保拉用短短几句话对她在童年学到的东西做了概括。她敏锐地察觉,她父母之间的关系对她的婚姻观产生了多么深刻的影响。她的父母直到她15岁时才终于分开,所以我有理由相信,如果她小时候没有生活在父母婚姻的阴影中,那么她其实不会选择一个这么糟糕的男人。

不管从个人还是专业角度看,我都认为,离婚的确会给孩子造成困扰。但如果你能诚实地面对他们,让他们说出他们的感受和担心,同时告诉他们,这次离婚不是他们的错,那你们就能很好地度过这道关卡。只要孩子的感受和价值得到肯定,他们就会表现出惊人的复原力,并能处理好很多问题。

"世界末日情结"

要想下定决心离婚,最难的一点就是克服紧紧压制着我们的恐惧感。恐惧就像一团缠绕在一起的五颜六色的毛线,理也理不清。但你可以理清那些让你感到焦虑不安的思维方式和内心感受,让它们变得可控。

戴安在决定离开本后就没有后悔过,但她在展望未来时却觉得前途一片黑暗,不禁感到恐惧。

> 我知道我做出了对我来说最正确的选择。但我开始为自己的未来做打算时,只看到我一个人孤苦伶仃、黯然神伤的画面。如果下半辈子我都是孤独一人该怎么办?如果我失业了该怎么办?如果我一个人过得不好该怎么办?

戴安其实是个很聪明、充满个人魅力的女性,她不仅工作能力强,还有着相当丰富的经验。一直以来,当本为了成就所谓的大事业而花光了他们所有的钱时,都是她在维持整个家庭的正常运转。然而这样一位女性却被这种所谓的"世界末日情结"困扰着。

这些听上去就让人绝望不已,实际上却言过其实的论调,很多人应该都不陌生。这些预测根本就没有任何事实依据可言,只不过是我们对未来的一己之见。我们越是在乎它们,它们就越会影响我们。但其实要分辨它们也不难,因为它们总会借着"从不""总是""我不能""我下半辈子""永远"这类绝对的说法出现。当你产生这种前途无望的想法时，你可能会这样说：

——我一个人做不到。
——我永远都找不到另一半了。
——我会孤独死的。
——我最后可能会露宿街头、无家可归，因为我养活不了我自己。
——我太老/胖/普通/遍体鳞伤了，不会有别人愿意和我在一起。
——我再也没办法从这段痛苦中走出来了。
——我不知道怎么去结交新朋友。

一旦这类想法开始大量涌入你的脑海，你就开始分辨不出哪些是脱离现实的危言耸听，哪些才是分手后以及重建生活时需要面对的客观问题了。

将对灾难的想象变为合理的担忧

任何一段关系的结束都意味着你要面对一些新的挑战，无论是客观上的还是感情上的。比如，你可能需要重新进行财务规划，改变社交生活，同时学会应对他人对此事的反应。如果你有孩子，你还需要深入自己的内心，汲取更多力量，帮助他们渡过难关。更重要的是，你必须拥有照顾好自己的强大的意志力和能量。所有这些都是可能出现的合理问题。当然了，这些问题很难一次性全部解决，但对未来的过分担心只会让你耗尽心力，并不能解决任何实际问题。

如果你能将这种认为未来毫无希望的想法转换成对实际问题的合理担忧，从而对未来做出合理的规划，你一定会得到强有力的安慰。我让戴安重新组织语言来描述她最深重的恐惧和担忧，然后请她留意她内心的恐慌是否发生了变化。

我先是建议戴安重复她的第一句话,"我只看到我一个人孤苦伶仃、黯然神伤的画面"。然后,我让她换一种表达方式,"我担心将来我会有感到孤独和沮丧的时候"。因为这才是一种比较合理的担忧。另外,她也可以补充一句,"但我能做的是……"这种表达方式帮她打开了一扇门,让她去主动思考有哪些实际可行的方法能帮她战胜内心的恐惧。

戴安一一照做了。"我能做的是……多见见我的朋友,然后再结交一些新朋友。你知道,我喜欢唱歌,只不过之前放下了这个爱好,所以我可以试着加入一个合唱团。我知道前面一段时间可能比较难熬,但只要我把注意力从毫无希望的黑暗中移开,专注于解决眼前的实际问题,我应该会轻松不少。"

于是,我让戴安将她最容易反复想到的那些灾难性的前景都列出来——也就是她幻想出的"世界末日"——然后换一种表达方式描述这些想象中的情景。以下是她的清单。

灾难性的结果	合理的担忧	可能的解决方式
我再也找不到一个爱我的人了。	谁都无法对未来的事情做出准确的预测,我很有可能遇到这样一个人。虽然等待时间可能会比较久,但在等待的过程中,我在完善自我方面还有很多工作可以做。	参加我喜欢的活动,和朋友一起玩,告诉大家我在等待新的恋情,享受再也没有谎言充斥的生活,重拾自信。
我再也找不到像他那样能让我感到兴奋的男人了。	我希望我能被某个稳重的男人吸引,然后在他身上发现令人兴奋的地方。	不断提醒自己,那种提心吊胆的生活有多么可怕;如果我喜欢刺激,我可以去游乐园坐过山车。

续表

灾难性的结果	合理的担忧	可能的解决方式
我的生活再也回不去了。	我担心我不得不做出一些改变，担心我需要做那么多事。这不容易，但我会尽力做好。	我可以寻求帮助；我可以把这些担心都写下来，然后一件一件处理；我可以向其他人寻求建议或咨询；我还可以报班来学习一些新技能。
我注定这辈子都要和说谎的人纠缠不清了。	我担心的是我为什么要在这样的感情中坚持这么久。我意识到，我的一些行为纵容了这些谎言。	我会继续努力应对心中的罪恶感与恐惧；我会坚持使用那些新的沟通技巧；我会好好睁大眼睛，竖起耳朵，同时敞开心扉；如果我的生活里再次出现谎言，我依旧会勇敢面对。
如果我不回到他的身边，他的生活就彻底毁了。	虽然我担心他是否能挺过来，但我要对自己负责。他自己的生活，只有他自己能改善。	如果他向我施加压力，我可以温柔而坚定地应对；如果他身陷抑郁，那我就鼓励他寻求专业的帮助；我还要争取获得他家人和朋友的支持和帮助。

用"也许很难，但是……"或"虽然我很担心……但我会尽力做好"这样的句式来表达，是一种非常聪明也非常实用的做法。我们在描述幻想中的世界末日时，往往会用"我再也没有"或"我不能"来开头，但这类句式会关上你整合资源、找到解决问题的方式的大门。"我不能"的真实含义是"我对此完全无能为力，我放弃"。正是这种思维方式引发了你内心的恐慌。它让你在变化无常的命运面前显得不堪一击，因为你早已宣布你无法掌控自己的生活。

你只要觉得自己被无形的恐惧和担忧紧紧扼住了喉咙,就可以拿出这张清单。随着时间的推移,你还可以在上面添加解决问题的新方式。慢慢地,你会感到自己变得越来越有活力和创造力。记住,你不是一个人,你并不孤单。成千上万和你一样的女性都用这样的方式走出了困境。不管以后发生什么,你都可以应对自如。

和这段关系说再见

无论你经历过怎样卑鄙无耻的背叛,当你必须与你的部分生活做彻底的切割时,痛苦的程度都是相同的。只不过有时这个部分很小,而有时这个部分很大。但任何一段关系的结束,即使是一段非常糟糕的关系,就像我之前所说,其实都是一种死亡。一个人去世后,我们会用各种各样的仪式来进行哀悼或纪念这种失去,但一段关系消亡后,却会留给我们无依无靠的感受和无尽的悲伤,甚至让我们怀疑自己是否还算完整。

简本以为自己已经大功告成了,因为她当时对比尔除了愤怒已经没有任何其他感觉了。但实际上,她不过是推迟了那些必然要发生的事而已。

> 我没想到我会这么伤心。我现在真的很恨他,但当我听到车上收音机里传来的某首歌,或是想起我曾经满怀希望与爱的样子时,悲伤就会如潮水般将我吞没。我为我们两个人感到难过和痛心。曾经我们拥有一切,如今却丢光了它们。我感觉我身上的某个部分也跟着一起死掉了。

简的这些想法也许会令你感同身受。尽管有过谎言,尽管有过背叛，但你们之间一定也有过很多充满爱意、亲密无间的美好时光。你可以感激那段时光，也可以承认你非常怀念那段时光，但你也需要接受那样的时光已经不复返的事实。你需要给自己一个结束的仪式，就像某件事需要开始的仪式那样。你需要写一份悼词，帮助你和这段关系说再见。这也许很难，却是帮助你走出痛苦的必要一步。

准备一份悼词

你的悼词需要包括四部分内容。开头要说"我宣布[你的名字]和[他的名字]之间的感情在此长眠"。就像你在葬礼上听到的那些悼词一样，你要在文中纪念这段感情中那些美好而灿烂的时光。然后，说出是谎言和欺骗让你们的感情荡然无存，表达你对此事的伤心与失望。在悼词的最后，用一句大家都再熟悉不过的话来作为结语，它同时也象征着你的伤口开始愈合——"安息吧"。

下面这段文字就是简的悼词。

> 我宣布简和比尔的婚姻在此长眠。曾经，他们的婚姻灿烂夺目，熠熠生辉——当然，那是在刚开始的时候。那时候，他们的婚姻充满了浪漫情调与欢声笑语，就好像他们真的是世界上最幸福的人。但当背叛和谎言降临，他们的婚姻失去了光芒。比尔撕掉了伪装，他既不真诚善良，也不值得信任。曾经的欢声笑语变成了震惊与幻灭，这段婚姻从此仿佛染上了某种重疾，最终死去了。现在，它该安息了。快乐也好，痛苦也罢，都将被永远埋葬于此。我们会因这段感情的逝去而悲痛不已，但也会继续前行。安息吧。

这些年来，我渐渐发现，只是写出一篇类似悼词这样感人至深的文章，虽然也有疗愈的作用，但其效果只有将其大声朗读出来的一半。如果你像简一样正在接受某种心理咨询或参加了某个互助小组，那么这些活动能为你提供大声朗读悼词的绝佳环境。你如果没有这样的环境，可以一个人完成这项仪式，但如果可以和一个你非常信任、可以在其面前展现情绪的人一起进行仪式就更好了。不过，不管你决定怎么做，我都恭喜你即将体验到这个练习产生的巨大能量。不要退缩。你大声朗读完悼词以后，会感到自己变得更强大了。你会有一种任务完成的感觉，也会重拾对美好未来的期望。

当你身在其中时，有时你很难相信这样做真的会产生效果，但当你一步一步地进行下去，你会发现，那些悲伤与痛苦的确在一点一点消失。你不会永远陷在悲痛中。

"你就不能再给他一次机会吗"

真正关心你的人和你身边那些想让你再给那个男人一次机会的亲友们不同。后者不会催你赶紧离婚，而是会怂恿你继续留在对方身边，同时还会给你施加不少压力，甚至向你灌输所谓的罪恶感。

简的决定让比尔寡居的母亲及其家族的其他成员大为震惊。当然，他们都不了解比尔的谎言已经到了何种地步。在他们看来，简只是对比尔结过两次而不止一次婚这件事耿耿于怀罢了。

> 他的母亲打来电话说："请再给他一次机会吧——你知道他是一个好人，也知道他有多爱你。之前那两任妻子从来没给过他他需要的爱与善意，但他却告诉我你有多么好，对他有多么重要。我们都觉得你就是上天赐予他的礼物。每个人都有自己的问题，但你一定可以解决问题的，毕竟你们在一起才不过四年，时间还很短。我们都很爱你，把你当成我们家的一分子，我们也很爱你的孩子。"

说着她就哭了起来。天哪，苏珊，她已经80岁了，难道我要把比尔对我做的那些事都告诉她吗？

我告诉简，是否将你所做决定的原因告诉他人是你个人的选择，你可以在权衡利弊后选择要不要说。但不管你的选择如何，你都不需要向别人证明你的决定是正确的——而且，确定怎么做才对你最好，同样也不需要经过别人的批准。

你可能已经想到了几个可以信任的人。你身边的朋友和你最亲近的家人大概都已经很清楚发生了什么事。而对你伴侣的家人和朋友，你并不想披露太多细节。如果你不愿意这么做，你可以简单地说：

——我知道这件事可能让你感到很难过，但你不清楚事情的严重性。
——我经过深思熟虑后才做出了这个决定。
——我想让你明白，其实是因为发生了一些很严重的事，我才没有办法将这段感情继续下去。
——我真的很感谢你们给过我的那些温暖和关心，我希望我们之间的感情还可以像以前那样。
——你也许可以去问问你的儿子／兄弟／朋友，我为什么要离开他。

虽然大部分压力会来自对方的家人和朋友，但面对婚姻的剧变时，你也可能会被你自己家人的消极反应震惊。他们可能会担心自己无法满足你强烈的情感需求，或者不知如何面对你重新恢复单身的事实。他们可能还会不断暗示，你没有为孩子考虑，或者你不尊重婚姻的神圣性。有些人甚至还会搬出宗教这座大山，试图迫使你对这样一段不幸福的婚姻委曲求全，让你不禁对自己的判断产生怀疑。

无论遇到哪种矛盾或冲突，都不要试图去解释或给出什么"好的理由"。难道别人比你更有权决定你的人生吗？所以，请坚持你有礼有节的回应，并告诉你身边的人，你现在需要的是共情和支持，而非说教。

远离反社会型人格者和其他反复无常的人

与一个反社会型人格者分手的情况，可能与结束一段鸡飞狗跳、动荡甚至深陷情感虐待的关系时类似。虽然本节主要适用于那些和反社会型人格者在一起的女性，但如果你的伴侣同样存在情绪起伏剧烈的问题，那么这里的内容同样适用于你。和这类男性在一起的感受往往是兴奋伴随着痛苦的，会让你们两人的关系变得异常密不可分。也许你的另一半并不是真正意义上的反社会型人格者，但你身处其中时产生的情绪，尤其是你在准备结束这段关系时产生的自责，与前文中提到的情况非常接近。我希望你可以认真阅读本节，利用一切你觉得会为你提供帮助的内容。

如果你的另一半是一个反社会型人格者，那你的首要任务就是让他尽快远离你的生活。重要的是，你要专注可能会出现的实际问题，直到他从你的生活中消失，因为他的存在会阻止或妨碍你进行任何自我疗愈的尝试。

我不能说这件事很容易做到，那不是实话。即使你不愿继续被他欺骗，即使你知道你如果不想再受伤害就必须结束这段关系，你也可能依然和他有着很深的情感联系，他也可能不遗余力地将你拴在他身边。

就像我的朋友戴安娜遇到的情况那样，反社会型人格者也有比较容易应付的时候，他们会很快消失在你的生活里。但大多数时候，他们会像藤条一样把你紧紧地缠绕起来，你需要付出极大的努力才能将其剔除出你的生活。

和这类男性断绝关系时最重要的一点，就是在你们交流的过程中一定要做到清晰明了、言简意赅。他必须严肃对待你所说的话，你也必须避免传达任何表意不清的信息，因为那可能会让他以为你依然很容易受他掌控。你需要明确地告诉他，你们的关系结束了。比如，你可以这样说：

——我想了很多。我认为这段关系对我来说并不合适。我决定就此结束它。

——请千万不要试图联系我。不要给我打电话，不要给我写信，更不要过来找我。

——对不起，但已经没有任何商量的余地了，而且我不想继续谈这件事了。

我知道这些话听起来也许有些绝情，但它们就是为了保护你免受对方的一切恳求、借口或保证的动摇而设计的。就算他继续给你施加压力，你也千万不要受其鼓动，认为一定要给出"充分的理由"或大段的解释。而且，无论你有多想骂他混蛋，你都要忍住不冲过去。你对他的指责只会给他机会和你争论，让他狡辩说你错怪了他。

和所有新技巧一样，你要做的就是练习、练习、练习。练习使用这些话术，直到你能自然地脱口而出为止。你这么做并不残忍，只是在进行合理的自我肯定而已。而且，他什么时候担心过自己是否对你太过残忍呢？

给自己提建议

在和利用职务之便诱骗了许多女性客户的婚姻家庭咨询师迈克尔一年半的交往过程中，雕塑家劳丽经历了巨大的情绪起伏。她忍无可忍，终于决定要从这段令人疯狂的关系中走出来。可当她告诉迈克尔自己的决定时，迈克尔开始使出浑身解数，想让劳丽再给他一次机会。

我当时真是下定了决心。我清楚自己因为这件事几乎要被送进精神病院了。于是,我决定直接打电话到他的办公室。等他终于给我回话时,我直截了当地告诉他,我们之间的一切都结束了。他哭了。他向我发誓,说他已经认识到他对我的伤害有多深了,他要去接受心理治疗。他还说他早就和卡伦断了联系,他现在只有我了,我不能抛弃他——

劳丽说到这里时,我打断了她。"劳丽,"我说,"他后面的话我都能补充。我知道他会说什么,因为几乎每个和这种男人交往过的女人都听过这样的话。你在过去几个月里成长了很多,我觉得你应该已经有了自己的答案,不需要我来告诉你了。我们试着交换一下角色,如果你是心理治疗师,我是你,你会对我说什么?"

苏珊:他太可怜了,我有些不忍心了。我怎么可以这样伤害他?
劳丽:这是他的终极武器,是他的压轴表演。记住,他感受不到真正的情绪。他的眼泪、他的痛苦都是假的,和他的其他表现一样,都是演出来给你看的。还有他那些诺言。数一数他在许诺后一周内食言的次数。
苏珊:但如果他以自杀要挟我呢?
劳丽:这我倒不担心。抑郁症患者可能会自杀,但极少有自恋狂会自杀。
苏珊:嘿,还不错。如果有一天你厌倦了雕塑家的工作,你可以试试当个心理治疗师。

当劳丽暂时从她自己的角色中抽离时,她立刻对迈克尔有了更加客观的认识。而且,她还通过把想法用语言表达出来的方式将她之前学到的技巧又巩固了一遍。结果就是,她终于可以回到正轨上来做她应该做的事了。

因此，如果你因为对方努力卖惨就变得犹豫不决，觉得自己对不起他，甚至想要改变主意，或者如果你被自身的情绪裹挟，那就试试上述方法，像劳丽一样借第三者之口告诉自己应该如何客观地看待迈克尔的做法。

此外，你也可以试想一下，如果是你真正在乎的人——你的女儿或最好的朋友——被这类男人死死纠缠，你看待这个男人的方式一定比她们的更理性、更客观。假如她们在这个时候感到动摇，你又会怎么劝说她们？所以，把对某个人的看法用明确的话语说出来，是一种检验事实的非常好的方法。

顺便看一下这件事的后续，迈克尔所谓的失去劳丽的痛苦到底有没有他说得那么深？和劳丽分手后没几天，这个男人就搬回了妻子卡伦的家里。

除了考虑如何结束这段关系，你还有很多其他实际问题需要处理，比如，如何从他手中拿回本来就属于你的钱。如果你们已经结了婚或是把钱放在一个账户内，你就需要请合适的法律和财务顾问来帮你解决这些问题，你要学会保护自己，以防今后继续受到对方的伤害。

学会自我保护

反社会型人格者的特点就是阴晴不定、喜怒无常。这样的人极度自私，所以你现在的行为会让他觉得自己失去了控制权，有损他的颜面。反社会型人格者能感受到的最真实的情绪其实是愤怒，尤其当他们受挫时。所以，当你准备结束和他的关系的时候，我希望你一定要小心行事。

如果他是个脾气暴躁的人，你跟他在一起时可能就已经发现了某些端倪。但谁都做不到未卜先知，所以我想告诉女性的是，在处理分手问题时，即使对方没有反社会型人格，甚至没有表现出任何暴力倾向，他们依然有大发雷霆的可能。其实，有很多方法既可以让对方知晓这段关系已经结束，又不至于让你陷入危险。你可以选择在餐馆等公共场所向对方说明情况，也可以通过打电话的方式，或者像劳丽那样用写信的方式也是一个不错的选择。

如果你之前和他住在一起，需要把你的东西搬出来，我建议你带其他人和你一起去，最好是一名男性亲友。如果需要搬走的人是对方，那你应该在有其他人可以保护你的情况下让他搬离。如果对方拒绝，你可以先出去，打电话报警，再向警察解释清楚情况。你可以采用任何合法方式来表明你对此事严肃认真的态度，不要害怕，但绝不要在孤身一人时和对方谈判。

说到这里，我知道有些女性会觉得"他永远不会伤害我"或"他永远不会做出那样的事"。也许你的想法是对的，但为什么非要冒险呢？有些人可能觉得我夸大其词或谨小慎微，但只要去翻翻报纸或看看电视，你就会知道在这种情境中女性的处境有多么危险。这种男人可不是什么良善之辈，更不是普通的神经病——而是精神已极度异常的人。所以，现在根本不是你逃避现实的时候。

为什么偏偏是我

你现在已经成功地把那个反社会型人格者赶出了你的生活，但他并没有就此从你的脑海中消失。当你终于明白发生的一切后，一股巨大的屈辱感潮水般向你涌来。在看清那个反社会型人格者的真面目后，你可能会对自己的判断力产生深深的怀疑，自信心也大受打击。你会觉得自己身上是不是有些严重的问题，你对人性的判断是不是存在致命缺陷。

我们前文中提过的娱乐业律师露丝，在意识到婚姻无法维持后，自信心受到了前所未有的打击。当她觉得她和丈夫克雷格的关系进入了新阶段后,她便不顾我的反对,放弃了心理治疗。不幸的是,他们那段蜜月期只持续了几个月,因为没多久,克雷格想和洛杉矶半数女性上床的欲望再次占了上风。露丝只好再一次打电话约我见面。几天后,身心俱疲的露丝带着满脸愁容走进了我的办公室。她缓慢地诉说着,双手不时地揪扯着早已被泪水打湿的纸巾。

就算你现在说"我早告诉过你了",我也不会怪你的。这些年来,他一直屡教不改,我怎么就能相信他这次一定会改呢?那个时候,我觉得你太多疑,甚至把你当成敌人了。天哪,苏珊,我本来也很聪明,但我在现实生活中却总遇到这样的男人。我想不通为什么这种事会发生在我的身上。这一次,我发现他又出轨了——对方是他的客户,一个年轻女演员。我已经向他提出离婚了。我觉得自己真的太蠢了……

我告诉露丝,我不会对她说"我早告诉过你了"这种话。事实上,在这种时候发现自己是正确的,真让人一点儿也开心不起来。但想判断克雷格这样的人会做出什么事很容易,而且也不难想到,露丝可能会因此而产生深深的自责。

自责也不全是坏处

一个令人痛心的现象是,很多女性在与反社会型人格者断绝关系后,比起那些操控和欺骗她们的男人,常常会更生自己的气。

不管你们的关系有多么匪夷所思,你都会不可避免地产生一种错觉——一定是你做错了什么。你不再有能力或意愿否定、合理化或掩饰你目前的处境,而是会不停地质问自己:

- 我怎么会这么瞎呢？
- 我怎么会这么蠢呢？
- 我怎么会让他那么利用我呢？
- 我怎么会和他在一起那么久呢？
- 我怎么会忽视了那么多预警信号呢？

大部分女性在分手后都会产生一些自责，但和反社会型人格者分手后产生的自责尤为强烈。这些问题虽然让人感到痛苦，却意味着某种自我意识的觉醒。这是好事，是让你清醒过来的警铃！你要对它们表示欢迎，因为它们的出现就是一种明确的信号，意味着你已经睁开双眼，有能力掌控自己的情绪，以做出恰当的反应。同时，它们还意味着你不再是那个自欺欺人、把不正常当作正常的女人了。所以，拍拍自己的肩膀吧，你已经成功了！

被骗不等于愚蠢

这一次，你依然可以用把自己抽离当前情境的方式来促进治疗。想象一下，你正在安慰一个你非常关心的人，她刚刚和一个反社会型人格者分手或离婚。把这个人想象成你的女儿、姐妹或朋友，想象她像你之前一样说了很多自责的话。现在，作为一种可以安慰她的智慧之声，请你大声地回答她刚刚对自己的质问。

在做这一训练时，露丝把这个人想象成了和她关系亲密的姐姐劳拉。她想象劳拉刚刚结束了自己的婚姻，此时正坐在她对面的一张空椅子上。于是，她对劳拉说："亲爱的，我知道你现在心情很差。其实，你只是在错误的地方遇到了错误的人。他表面上看起来确实很不错，所以你才会被他吸引。他深谙此道！你不应该为自己的忠诚和一时无法放弃他而自责。而且，你千万不要说自己蠢——你是我见过的最聪明的人之一！要怪只能怪他太油嘴滑舌、能说会道了。我真想象不出来还有谁能识破他的假话。现在只有你做到了，而且你还做出了很多实际行动。你非常勇敢，非常坚强。我真的很佩服你。"

"哇！"露丝激动地说，"我怎么能说出这些话的？"

"这些话，"我回答她，"就来自你内心某个最特别的地方——灵感之源也好，灵魂也好，灯塔也好，你想叫它什么都行。这是一个别人无论怎么伤害你都无法触及的地方，这是一个我们可以进行自我疗愈的地方。这里有我们需要的宽恕与原谅。不是原谅他，而是原谅你自己。你需要学会自我原谅。"

露丝沉默了一会儿，说："我想，我现在要做的就是学着对自己好一些，就像对待处于我这种情况中的其他人那样。"

我们清楚地看到我们对待自己是多么苛刻，对待他人却多么宽容，这未尝不是一种启示。另外，其实大多数女性都有这个问题，不仅是那些与反社会型人格者有过情感纠葛的。所以，你要经常提醒自己，你能认识到这种程度已经非常好了。反社会型人格者不仅处事圆滑，还能说会道。当你意识到事情不对的时候，你可能已经陷得非常深了。所以让自己好好休息一下吧，是时候像善待他人那样善待自己了。这对你来说或许可以成为真理。

结束时，难过是不可避免的

如果每个经历过谎言与背叛的女人都能在某个早上醒来后突然感到心情一振，从此彻底与伤心和失落说再见，那就太好了。

对别人说"继续你的生活吧，没有他你会过得更好"是很容易的。而且毫无疑问，事实的确如此。但任何关系的结束——无论是与反社会型人格者这样极具破坏性的还是善良的人——都不免让人感到骤然失去了情绪依靠，从而陷入失落与悲伤中。而且，你可能还会时不时地想念他。不要羞于承认这一点。毕竟，你们之间除了那些令人痛苦的事情外，一定也有过许多非常美好的时光。

你获得你应得的美好感情——更不用说生活——的唯一方式，就是离开那个欺骗你的男人。你一旦真正明白了这一点，就有了把握机会并在正确的路上继续前行的勇气。委曲求全会严重威胁到你的人格和情绪健康，而这些恰恰是你最为珍贵的东西。用坚持自我的方式保护它们，是你能为自己做的最有价值的事。

第十二章　重拾对他人的信心

不管你选择了哪种方式——努力让你们的关系重回正轨也好，独自一人挣扎着继续前行也罢——我都知道，你的内心是迷茫和脆弱的。背叛与欺骗带来的伤害实在太深了。可受伤不是你此行的终点，而是起点。你处理这些伤口的方式会决定你后半生的生活品质。

当你受到背叛后，你也许会为自己打造出一副全新的盔甲，把伤口严密地藏于其下。你从此会对生活和爱情都采取一种更严苛、更多疑、更警惕的态度。"不能再来一次了！"你会这样说。你暗下决心，就算你可能会孤独终老，就算你不得不筑起一座谁都无法穿透的心墙，你都要尽一切可能来保护自己那颗支离破碎的心。

但到目前为止，你做的一切其实早已让你焕然一新。你蜕变为一个全新的自己，不仅有勇气面对痛苦，而且还能在强烈的消极情绪的包围下依然坚强地走下去。

请不要低估那些你从内心深处召唤出的力量，它们可以帮助你安然度过遭受背叛的危机。治愈过程本身就包括尽可能开发和利用自身能量的步骤，为此，你需要不断做出判断和选择。当你不再把伤疤视为脆弱的符号，而是视为力量的象征时，治愈过程才真正开始。

当你越来越熟练地做到这一点时，你会惊奇地发现，不管你选择留下还是离开，你都可以冒着再次敞开心扉的风险，甚至冒着再次被欺骗的风险，因为现在的你已经掌握了此前不曾掌握的生存技巧。这也意味着你不需要再披上盔甲来保护自己，相反，你甚至可以从过去的那些伤痛中汲取人生的智慧。

第一步是学会相信

如果你暂时从自己的身份中抽离，像读小说一样站在旁观者的角度上回看过去的那些经历，你会看到什么？我问那些在婚姻关系中深受谎言困扰的女性这个问题时，她们的答案恰恰在很大程度上揭示了我们对自己有多苛刻。

艾莉森的回答是这样的：

> 你想听实话吗？我可以告诉你。我看到了一个对他人太过轻信的女人，不管丈夫说什么她都愿意相信，因为她甚至根本没想过丈夫会欺骗她。我当时就是不懂。我真是太天真了。

凯西的回答是：

> 我看到了一个开始质疑自己曾深信的一切的女人。她不再相信自己的判断了。她因丈夫说谎而自责。她没有坚持让那个男人承担他自己的责任，还试图挽救他，为他的行为打掩护。她似乎在一段时间内迷失了自我。

告诉自己痛苦是对自己判断错误和过于轻信他人的惩罚，是一种很常见的现象。你的那些心理伤疤似乎证明了你是一个不折不扣的傻瓜：轻信他人，任人宰割，相信另一半的承诺，觉得他会重新给你安全感、重新爱你。但我要告诉你的是，实际上，这恰恰是对受伤的严重误解，其根源是对信任及其真正来源的误解。

信任新解

对我们大多数人而言，信任是一种完全依赖我们另一半的表现的品质。我们只是单方面交出我们的信任，然后坐等对方的表现是否值得我们信任。信任就是一个纯靠运气的游戏，就好像一脚踏上泳池的跳板，却不知道下面到底有没有水。也难怪我们一想到要再去无条件地相信他人就会警觉起来。

安妮发现自己正深受这类后遗症的影响。即使兰迪非常真诚地想要重建他们的婚姻，她依然无法接受。

> 我过去是那么信任他，他却亲手毁掉了我对他的信任。所以我真不知道我还能不能找回昔日的信任。我想相信他，而且他也确实按我说的去做了，但我依然很迷茫。我太害怕再受到伤害了——因为我不知道我还能不能再承受一回。

安妮会退缩其实可以理解，因为当她回首过去时，曾经的信任早已荡然无存。"别冒险了，"她会这样告诉自己，"放低你的期待。"当然，最重要的是，"千万别再受到伤害了"。

单纯而无条件的爱成了背叛的牺牲品，而我们就像安妮一样，在意识到这样的爱已不复存在时，却不知该用什么来代替它。你也许会认为，亲密关系一旦被破坏，就再也无法得到修复。你开始怀疑所有男人，同时也开始怀疑你自己，并因此出现了信任障碍。

但是，如果从现在开始，你不再把信任当作一种与人交往时不确定的、可怕的冒险，而是看成一条可以引领你回家、帮你探索自身力量的安全而明确的道路，结果会如何？如果你不再觉得信任只是别人的施舍，而认为它本身便存在于你的心里，结果会如何？如果你不再为信任他人而担忧，从此专注地相信自己，结果又会如何？

学会相信自己

"我不确定你指的是什么,"安妮说,"但就我个人而言,我很相信我自己——我很诚实,也很有能力,我是一个好妈妈,把自己的工作和生活都打理得井井有条。"

"了解自己是一件好事,"我告诉安妮,"但我想让你理解的是信任的另一层含义,也就是我们在感情中经常会担心的那种信任。我说的这种信任是指,你敢说'我相信我的判断,我相信我有再次面对谎言的勇气,最重要的是,不管未来发生什么事情,我都有信心处理好'这样的话。你不能把信任都寄托在他人身上。兰迪需要赢回你对他的信任,我希望他能做到。但你不能平白信任他人。

"你要对自己有足够的信任。也就是说,你要不断拓展自己的情绪和智力资源,这样你才会明白:'就算再受一次伤,我想我也能承受。我会处理好它,并最终克服它。'一旦相信了这一点,你就能再次敞开心扉,因为你知道,无论未来如何,你都应付得来。这是对自己的信任,可以让你受益终生。"

几周后,安妮告诉我,她发现自己有了非常神奇的变化。

> 我不再把注意力都放在他身上,而是让自己冷静下来以后,你知道发生了多么奇妙的变化吗?我每天至少花一个半小时静静地坐在那里,想一想我拥有哪些力量,我的生命中有多么多的爱——除了兰迪的爱,我还有孩子的爱、家人的爱、朋友的爱。我一定是一个非常棒的人,才能拥有这么多人的爱。这些也是我可以信任的东西。从那时起,我才终于真正明白你的意思。最坏的情形也就是兰迪又说谎了而已。这种事很可能发生,但无论出现什么情况,我知道我都能挺过来,我也知道我该如何去爱。我相信我能做到。

而最新消息是，安妮和兰迪之间进展得很顺利。所以我可以很确定地说，安妮已经理解什么是真正的信任了。

倾听内心的声音

一旦你意识到信任是一种源于你内心的能力，阻碍你去信任的人正是你自己时，你可能会突然觉得有些不安和惶恐，不过，当你看到构建信任的全部资源后，你的不安和惶恐就会随之淡化。比如，你心里其实有一个预警系统，它会给你一定提示，让你知道你们的关系已经出问题了。但是，要想学会相信自己，最重要的一点就是要明白，你内心接收到的信息远比你愿意承认的多得多。

对天生就非常敏感的女性而言，直觉就像提前写在基因里一样。无论是感觉还是直觉，它们就像从心底发出的智慧之声，不断向我们传递那些我们需要了解的道理。不幸的是，我们很多人都忽视了这些声音，因为很多时候，它们传达的并不是我们希望听到的东西。

在卡罗尔的咨询即将接近尾声的时候，她说了这样的一段会让很多人感到共鸣的话：

> 现在想想，其实刚开始那两周里我已经意识到了肯的问题，只不过没把它当回事。

反省过往时，你可能也会发现，其实你心里早就有个声音告诉你，你的另一半有问题，可你当时却宁愿捂住自己的耳朵。也就是说，你选择去否认事实和合理化对方的行为，因为这样做会让你好受一些——然而这最后只会让你更失望。

而现在，你已经有了经验，也有了倾听内心声音和相信自己感受的能力。当那个声音再次响起，告诉你"这里有问题"时，请你一定要多加注意，因为它说的往往就是事实。

不过，这并不意味着你每次都能做得恰到好处，没有人能做到这一点。与现男友或新男友在一起时，你有时会太过多疑，反应过度，有时又会太过轻信对方，忽略了真正危险的信号。但无论如何，你都不会再像以前那样频频犯错了，因为你已经明白什么时候该后退一步，停下来倾听来自内心的声音，然后根据自己的真实意愿做出选择了。

不要急于进入下一段关系

如果你已经决定结束这段关系，你同样需要花些时间摆脱浪漫氛围与温馨家庭生活带给你的干扰。给自己一些时间是治疗过程中必不可少的一环——不要害怕接受它。你也许认为，一段关系破裂后，缓解痛苦的最佳方式是马上展开另一段亲密关系。不要这么做。去约会的确是一件好事，但请先给自己充分的时间，再去和他人展开下一段热烈而深沉的恋爱。

病急乱投医的恋爱只会把你从当前的油锅推进更可怕的火坑，这句老话之所以常常被大家提起，就是因为它的确有一定道理。你需要一些时间来充分了解和处理发生在你身上的事，同时给自己树立牢固的自信心。

你选择快速进入下一段恋情，并不是因为你做好了继续恋爱的准备，而是因为你想逃避这个必要却麻烦的环节。你想通过浪漫的爱情来麻痹自己，或者认为下一个男人的关注对你重建自信、恢复自尊大有裨益。然而，你现在首先需要的是一种完整感——包括对自我进行审视。

避免重蹈覆辙

不过,随着时间的推移,你总会重新开始渴望恋爱。很多女性一边期待着新恋情的出现,一边害怕自己再次鬼使神差般地被一个喜欢说谎的男人吸引,然后重蹈覆辙。简希望得到保证,自己不会再次身陷泥淖。

> 我真正想要的其实是某种类似盖革计数器那样精确的仪器或警报系统。我喜欢的男人一说谎,它就可以发出尖锐的警报声。但我知道我不可能给每个人身上都装一台测谎仪,所以我真不知道怎么做才好。

我告诉简,没有什么可以保证她不再受骗,因为很多说谎者不仅能说会道,还极具说服力。但她可以在新恋情里学着关注那些她过去很容易忽略的信号。

当你初识一个陌生男人时,你要问问自己以下问题。这些问题听起来也许非常不浪漫,但你知道,被欺骗更不浪漫。

- 他口中自己过往的经历、当下的经济状况以及他生活的其他方面是否有自相矛盾的地方?
- 他是否承认有过不忠的行为,但又说他"已经改了"?
- 如果你要求他对你担心的问题做出进一步解释,他是否会指责你占有欲过强或太多疑?
- 他是否在当前他与其他女性的关系方面闪烁其词,不愿给出明确的答案?
- 如果你已经揭穿了他在说谎,那么他的反应是怎样的?他是否认还是承认并为此承担责任呢?他的解释听起来可信吗?

这些问题可能就是确保你未来感情生活顺利的保证。它们不仅会告诉你谎言的真相，而且会在很大程度上降低你对谎言的容忍度。

迷思和误解

你可能已经发现，上述清单里并没有通过微表情判断一个人是否说谎的陈腔滥调。比如，你是否多次听人说"可以通过一个人是否直视你的眼睛来判断其是否诚实"？现在，我可以给你提供一些新信息。其实，人很容易控制自己的眼神和面部表情。有些说谎者——尤其是经过特殊训练的——可以平静地看着你的眼睛，面不改色地告诉你太阳是从西方升起的。相反，说实话的人却可能出于性格原因而不愿意与人进行眼神交流，比如比较害羞，或者只是感觉有些紧张，又或者被当时在生活中遇到的一些事分了心。

长期被误认为正确但实际上极不可靠的判断方式还包括：

- 音量的高低
- 过多的笑容
- 烦躁、坐立不安等表现
- 脸红、出汗或呼吸急促

你也许在很多年里一直相信这些所谓的"证据"，但不少说谎者——尤其是那些早就对说谎习以为常，甚至连自己都信以为真的人——完全不会有这些表现。

当你知道什么才是真正的预警信号时，你就会明白，说谎者其实早就露出了马脚。他们不喜欢开诚布公，而喜欢避实就虚；对涉及他们个人生活的问题，他们不喜欢直接回答；面对你的疑问，他们要么含糊其词,要么歪曲事实。

不再容忍谎言

过去,你可能因为太过沉迷于某个男人的魅力而忽略了他的某些行为。但随着你对谎言的代价和后果有了更清醒的认识,你能够放慢脚步,更加仔细地审视一段新的关系。

也许你会失望地发现,你喜欢的这个男人并不像你想象中那样诚实坦率,但你已经知道,早发现总比晚发现要好。看在上天的份儿上,千万不要因为你又喜欢上一个说谎者就像简那样责备自己:"我头上是有什么标记吗?说实话,我都怀疑我被诅咒了!我在一次聚会上认识了一个非常棒的男人,可就在我们约会两周以后,我发现他是个满口胡言的家伙。他告诉我他离婚两年了,但我们共同的朋友却告诉我,他根本没正式离婚,最终协议还八字没一撇呢。我真是倒霉透了!"

"太棒了!"听完简的陈述,我却这样说。

"你为什么说太棒了?"简不解地问道。

"也许你在自虐过后会发现,现在你的做事风格跟以前不一样了。"

简想了很久,说:"我其实很早之前就知道他在一件非常重要的事情上说了谎。我告诉他我发现了,给了他一次解释的机会。但他只会说那个告诉我真相的朋友如何卑鄙无耻,不值得信赖。所以,我直接跟他说,我再也不想看到他了。没错,确实很不一样。好吧,还是接着找下一个吧。"

就算你再一次喜欢上了具备同一种不良行为模式的男人,这也不能代表你在性格、智力、运气或择偶眼光方面有问题。谁也不可能一下子就了解对方,很多惯骗刚开始时都显得诚实可靠、充满魅力。同样,被说谎者吸引也不能说明你退步了。决定你是否有了改变的关键是你选择怎么做。如果你能像简一样直面谎言，不否认、不合理化其行为，更不盲目接受他的谎言，你就会明白，你对谎言已经开启了零容忍模式。

女性友谊的治愈力量

到目前为止，我们几乎把所有的注意力都放在了与男性的关系上。然而，许多女性一味追逐所谓"轰轰烈烈的爱情"，却忽略了一份她们真正触手可及的宝藏，那就是来自女性朋友的理解与支持。还记得我前面提到的"直面谎言的五个步骤"吗？其核心就是最后一步——寻求帮助。

这些友谊并不是填补恋情空窗期的临时替代品。不管你是和现在的伴侣在一起还是已经开始了一段新恋情，你都需要女性朋友独有的安慰和鼓励。你也许因为婚姻或恋爱生活中的种种问题而忽视或远离了自己的朋友，觉得没时间分给她们；你的生活早就被工作、孩子和问题百出的婚恋关系吞噬，你常常不得不把朋友们排在生活的最后。但当你把这些友谊摆在它们应有的位置时，结果往往是令人意想不到的。

戴安承认，她确实暂时停止与女性朋友来往了，她不知道现在是否还来得及挽回这些友谊。

> 这段时间以来，我一直在自己的婚姻里苦苦挣扎，甚至和几个朋友都失去了联系。我非常想念其中的两位，可我根本没去见过她们。天哪，如果现在我打电话跟她们说"我的生活太失败了，我和本最近离婚了，需要你们给我一些支持"，我会感到特别不好意思。

"去联系她们吧，"我告诉戴安，"事情再坏又能坏到哪里呢？就算你们恢复不了关系，也不会出现比现在更糟的情况。但我敢打赌，只要你告诉她们事情真相,然后对没能联系她们这件事真诚地道个歉,她们很可能会跟你和好如初。你现在需要女性朋友的帮助,戴安。实际上,我们的生活处处离不开她们。你的婚姻或恋爱再完美,你都需要她们的陪伴与支持。"

当然了,长时间失联后的突然联系的确会让人感到有些尴尬,但大多数女性会发现,同性朋友其实很欢迎她们的回归。在与曾经的密友失联的那段时间里,我们忘了其实她们也会想念我们。

女性之间的友谊就像数百年来出自女性之手的工艺品一样优雅、坚固、精心制作,灌注了我们的共同心血。大多数友谊都能经受住短期不联系的考验,有时甚至连长期不联系也不会使其分崩离析,而且只要我们愿意,我们可以随时亲密如初。

我们和我们真正在乎的女性朋友重新取得联系时,好像总能记起上一次聊到了哪里,然后就着这个话题聊下去。我们的女性朋友其实是我们记忆的重要组成部分,她们会提醒我们我们忘记了哪些事情,经历了哪些痛苦,实现了哪些看起来永远都不会实现的梦想。她们还是最好的倾听者。当我们感到疑惑或困顿时,她们会耐心地倾听我们讲述自己的故事,并帮我们想好下一步应该如何做。

在世界各地的很多文化中,女性成员都喜欢聚在一起纪念她们人生中的一些重要时刻——迈入婚姻,孩子降生,性成熟期的起始与结束,亲人离世,等等。她们用自己的故事和经验引导和帮助其他女性顺利度过人生的新阶段。随着时间的推移,一个人的艰难与困苦变成了所有女性的群体回忆,并让她们所有人从中获得了应对逆境的能力。当我们知道这个世界上还有很多人在经受和我们一样的痛苦时,我们会变得更容易承受痛苦。而且,当我们将自己的遭遇用一种充满爱意与怜悯的口吻讲述出来并得到他人的认可时,我们就会发现自己其实有着惊人的复原力。

如果你希望在生活中体验这样的经历,你并不需要举办某种仪式或得到某个巫师的指引，而只是需要与你的女性朋友保持联系。

最后，戴安不仅与两位曾经的密友恢复了联系，她们还带她加入了一间读书俱乐部。这件事不仅拓宽了她的社交面，还给了她很多启发。戴安终于开始重新过上正常而健康的生活。她找到了属于她自己的智慧之心。

智慧之心

这两个概念乍一看似乎有些矛盾——大脑是智慧的所在地，而心灵是情感的生发地，那智慧之心又是什么呢？

对我来说，智慧之心是一种让理智和情感达成某种微妙平衡的智慧，也是一种让思考和感受能够同时进行的能力。当我们倾听自己内心深处的声音时，我们会启用直觉或感觉来做判断。当我们向自己提问本章或其他章节中列出的各种问题时，我们会调动推理和自审的逻辑思维能力。

其实这两个方面都非常重要，所以我们要努力让二者保持平衡。只要其中任何一个方面占据了上风，麻烦就会随之而来。比如，当情绪占据上风时，我们往往会因一时的冲动而犯下大错；我们拒绝感性而一味相信理性时，又陷入了另一种形式的自我欺骗，让自己误以为那些感受都是假的。这样一来，我们是无法充实地生活的。

作为一名女性，只有当你能够鼓起所有的决心和勇气，把自己从痛苦的泥潭中解救出来，从此不再把失去当成结束，而是看作全新的开始时，你才能找到自己的智慧之心。智慧之心选择的是顺其自然，冒险去爱，而不是紧闭心门。

从遍体鳞伤到重获智慧

聪明的人知道，即使受到伴侣的背叛和欺骗，你的伤口也不可能永远疼痛下去，总有痊愈之日。你的伤口不过证明了你也是一个普通人，你有感情，你受过伤。事实上，这些伤口正是无数经验和智慧的巨大源泉——如果你能勇敢地走上前，迈出这令人欣慰的一步，认真倾听它的声音，你会受益良多。

你所有的体验以及其中的细节都在这里：你犯了什么错，什么伤害了你，你能忍受和不能忍受什么……这些伤口都知道，因为它们知道危险的感觉是怎样的，它们成了一种全新的危险探测器。

随着勇气和能力的不断提升，你学会了如何将在背叛和欺骗中受到的伤害转换成指引你继续前行的智慧。当你进入这一阶段时，那些曾经的伤口就变成了提醒你、保护你、为你的智慧之心源源不断地输入有价值的信息的源泉。

获得完整的人生

在结束治疗数月后，戴安给我寄来了这样一封信。

亲爱的苏珊：

上个周末，我和几个朋友一起去山里徒步旅行。我们一路向上，准备翻过一座陡峭的山。我转过一个弯，遇到了一块横亘在道路中间的巨石。我盯着它看了很久，感到莫名的恐惧。最后我才发现，其实还是有些地方可以下脚的。我深吸一口气，开始翻越这块巨石。虽然我比同伴们慢了很多，但我还是让他们继续前进，不用管我——我会追上去的。最后，我终于爬到那块巨石顶端。站在上面，我看到了从未见过的峡谷美景。我为自己感到骄傲和自豪，我没有选择放弃，而是坚持不懈，找到了一条全新的道路。我太喜欢站在巨石上的那种感觉了。我知道这块巨石并不会因为我站在上面而碎裂，它依然立在那里，可我已经站在了世界之巅。

回到家后，我突然意识到，这次爬山的过程就好像我自己的人生之路。在和本一起走过的风风雨雨中，很多时候我都感到无能为力。我仿佛陷入了一片无边无际的流沙当中，永远不知道自己会被什么拖下去。你知道，当时我得知事情的真相后生活变得多么糟糕。我当时真以为自己没办法挺过去了。我只能看到那块挡住去路的巨石，却从没想过我自己拥有继续前行的力量。是你让我重新打开思路，敞开心扉，让我明白什么是真正的顽强与不屈——于是我让自己一步一步向前走去。

你过去常常对我说，如果我坚持要求身边的人对我诚实，同时我也坚持对自己诚实，那么我的生活就会因此发生改变。如今我再看看自己身边，终于深刻地理解了你的意思。看看现在的我！我不仅会和朋友一起去徒步旅行，还时隔多年再次去做了志愿者，结识了很多很有意思的男性朋友。我不怕花时间去了解真实的他们，另外，我已经能认出说谎的人了。而且我知道，我不会再让这种人走进我的生活了。苏珊，我成功地在巨石上重新建造起了自己的人生。虽然我的确会为生活中失去的一切感到难过，但在经历过那么多之后，我知道现在我能应对任何事，即使再次恋爱需要冒着风险。

来自山那边的问候

戴安

戴安已然不再是过去刚刚步入婚姻时的她了，而你一定也是如此。

在经历过背叛和信任危机后,你每向积极拥抱未来和爱情的生活态度迈进一步,就离真正的智慧更近了一步。你的智慧之心选择不沉湎于过去的痛苦,而是继续前行。它会铭记每一位熟练掌握前进的技巧、日复一日地完善自我的女性,并会为她们感到骄傲。

致 谢

很多人的支持和鼓励促成了这本书的诞生。

感谢我的合著者唐娜·弗雷泽，她永远充满耐心、无私奉献，以出色的叙事技巧完善了本书的文字。

感谢我优秀的代理弗吉尼亚·巴伯尔及其团队，特别要感谢詹妮弗·鲁道夫·沃尔什和杰伊·门德尔对我和我的工作的信任。

感谢我的编辑乔埃尔·德尔布戈，谢谢她对精进的永无止境的追求与温暖的鼓励。

感谢我的家人和朋友，谢谢他们的爱与智慧。

谨以此书献给我的咨询者、朋友和亲人们，感谢她们慷慨地分享了各自的故事。他们是本书的绝对主角。

尤其要感谢我的女儿温蒂，谢谢她教给我这么多东西，赋予我这么多欢乐。

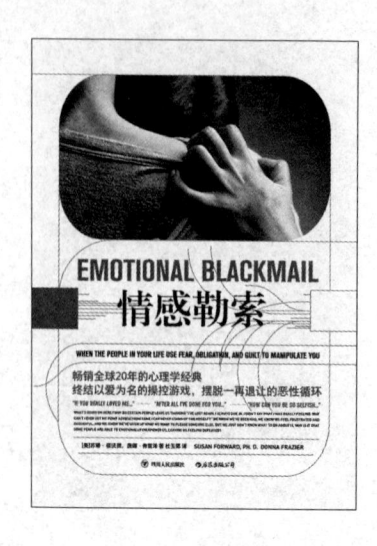

《情感勒索》

畅销全球 20 年的心理学经典，终结以爱为名的操控游戏，摆脱一再退让的恶性循环

著者：［美］苏珊·福沃德
　　　［美］唐娜·弗雷泽

译者：杜玉蓉

书号：978-7-220-10766-5

出版时间：2018.06

定价：45.00 元

首部提出"情感勒索"概念的心理学经典

精准剖析情感勒索者的动机与套路，畅销美国 20 年

带起"情感勒索"讨论与写作风潮，系统呈现关于情感勒索你需要了解的一切

从辨别与诊断，到应对与自救，打破勒索与屈服的恶性循环，走出人际关系中的迷雾

内容简介

我们最关心、血缘最浓、交往最频繁的人，对我们的杀伤力是最大的。这是因为我们互相知根知底，就算并非有意，也清楚能怎样利用彼此心理和情感上的弱点来达到目的。

这导致了很多人际关系噩梦的基本形式——情感勒索。勒索者抓住受害者的恐惧感、责任感和罪恶感，双方一起被困在恶性循环之中。福沃德对情感勒索的根源做了全面、深刻的分析，并对勒索者和受害者的类型做了归纳。一段关系之所以能坠入勒索的陷阱，是勒索者和受害者双方的弱点共同造成的。而情感勒索看似以受害者让步、勒索者满足告终，实际上侵害了受害者的自我完整性，也让勒索者的心态更加扭曲，关系中的问题依然没有得到解决。她告诉我们，面对情感勒索时，如何应对才是正确的，我们可以通过一些简单的训练学会摆脱情感勒索的方法。最重要的是：摆正立场，坚定信心。

原生家庭·婚恋版：
如何应对爱人父母的挑剔、侵扰或排斥

畅销书《原生家庭》作者苏珊·福沃德又一力作，给婆媳／翁婿关系的问题把脉，犀利剖析新成员与原生家庭的冲突与磨合

著者：［美］苏珊·福沃德
　　　［美］唐娜·弗雷泽
译者：邝慧玲
书号：978-7-5596-6144-9
出版时间：2022.07
定　价：52.00 元

　　帮每一个需要和伴侣父母打交道的读者明确界线，有效沟通，在爱人的原生家庭中找到令自己舒适的位置

　　辨识五种"有毒"的伴侣父母，区分无心和有意伤害，争取伴侣的支持，根据自身情况正确应对和发声

　　把大矛盾摊开在阳光下，把小问题解决在摇篮里，就算没有亲如一家的运气，至少要有不受委屈的底气

内容简介

　　婚姻不仅让你与伴侣的关系更进一步，还在你与伴侣父母之间创造了原本不存在的纽带。无论古今中外，婆媳／翁婿关系都是人际交往中的重要一环，引发了无尽的困扰与思索。新成员的加入不会让一个本身有问题的家庭变得更好，却可能让一个看似和睦的家庭暴露出严重的问题，甚至影响本该独立存在的婚姻关系。

　　擅长解决人际关系问题的著名咨询师苏珊·福沃德以一针见血的笔触直击这一话题，将制造麻烦的伴侣父母分为五种主要类型，分别剖析了他们的特征、行为模式、心理动因以及应对他们的方法。学会以更科学、更理性、更能让你保护自己的方式与他们相处，你才能让婚姻更加稳固，保持生活边界完整与人格独立。

图书在版编目（CIP）数据

亲密谎言 /（美）苏珊·福沃德著；（美）唐娜·弗雷泽著；任立新译 . -- 北京：北京联合出版公司，2024.6
ISBN 978-7-5596-7527-9

Ⅰ.①亲… Ⅱ.①苏… ②唐… ③任… Ⅲ.①情感—通俗读物 Ⅳ.① B842.6-49

中国国家版本馆 CIP 数据核字 (2024) 第 062518 号

WHEN YOUR LOVER IS A LIAR, Copyright © 1999 by Susan Forward.
Published by arrangement with HarperCollins Publishers.
本书简体中文版权归属于银杏树下（北京）图书有限责任公司。
北京市版权局著作权合同登记　图字：01-2023-1051

亲密谎言

著　　者：［美］苏珊·福沃德　［美］唐娜·弗雷泽
译　　者：任立新
出 品 人：赵红仕
选题策划：后浪出版公司
出版统筹：吴兴元
特约编辑：刘昱含
责任编辑：李艳芬
营销推广：ONEBOOK
装帧制造：墨白空间·陈威伸

北京联合出版公司出版
（北京市西城区德外大街 83 号楼 9 层　100088）
嘉业印刷（天津）有限公司印刷　新华书店经销
字数 230 千字　690 毫米 × 960 毫米　1/16　16.5 印张
2024 年 6 月第 1 版　2024 年 6 月第 1 次印刷
ISBN：978-7-5596-7527-9
定　价：56.00 元

后浪出版咨询（北京）有限责任公司　版权所有，侵权必究
投诉信箱：editor@hinabook.com　　fawu@hinabook.com
未经书面许可，不得以任何方式转载、复制、翻印本书部分或全部内容
本书若有印、装质量问题，请与本公司联系调换，电话 010-64072833